高等职业院校计算机专业“十二五”规划系列教材
GAODENG ZHIYE YUANXIAO JISUANJI ZHUANYE SHIERWU GUIHUA XILIE JIAOCAI

PHP WEB 程序设计

PHP WEB CHENGXU SHEJI

主　编　李华平　孙双林
副主编　石　磊　刘雪梅

重庆大学出版社

内容简介

本书以一个简易企业CMS系统为载体，以企业用人能力标准为依据，采用“分模块、分层次”的思想，将PHP相关知识和技能融入到书中。本书以基于工作过程的方式编写，全书共分7个学习情境，前5个学习情境以任务的形式讲解PHP程序员相关岗位所需的基本知识和技能，主要包括基本语法、数据库操作、文件操作、GD图形图像处理、表单处理、会话技术等；学习情境6通过简易的CMS管理系统项目讲解前5个学习情境相关知识和技能的综合运用；学习情境7讲解MVC所涉及的相关知识和技术，为后续提高打好基础。每个学习情境以任务引入、任务分析、任务实施、任务小结、知识拓展、能力拓展为内容展开，充分突出基于工作过程的学习方式。

本书可作为高等职业院校计算机相关专业的教材，也可作为从事PHP互联网开发人员的参考书。

图书在版编目（CIP）数据

PHP WEB 程序设计 / 李华平，孙双林主编. —重庆：重庆大学出版社，2014.7

高等职业院校计算机专业“十二五”规划系列教材

ISBN 978-7-5624-8146-1

Ⅰ.①P… Ⅱ.①李… ②孙… Ⅲ.① 网页制作工具—PHP语言—程序设计—高等职业教育—教材 Ⅳ.①TP393.092 ②TP312

中国版本图书馆CIP数据核字（2014）第086109号

高等职业院校计算机专业“十二五”规划系列教材

PHP WEB 程序设计

主 编 李华平 孙双林

副主编 石 磊 刘雪梅

责任编辑：章 可 版式设计：黄俊棚

责任校对：关德强 责任印制：赵 晟

*

重庆大学出版社出版发行

出版人：邓晓益

社址：重庆市沙坪坝区大学城西路21号

邮编：401331

电话：（023）88617190 88617185（中小学）

传真：（023）88617186 88617166

网址：http://www.cqup.com.cn

邮箱：fxk@cqup.com.cn（营销中心）

全国新华书店经销

重庆联谊印务有限公司印刷

*

开本：787×1092 1/16 印张：12.75 字数：318千

2014年7月第1版 2014年7月第1次印刷

印数：1—3 000

ISBN 978-7-5624-8146-1 定价：26.00元

前言

PHP（Hypertext Preprocessor）作为一种文本预处理语言，起初并没有受到各行业及高校的重视。但随着互联网的发展，PHP产品开发需求不断增加，对开发的速度要求更高，PHP因其安全、易学、开源、免费、跨平台、高效稳定等特点受到越来越多的企业和开发者的青睐。2011 年TIOBE计算机语言排名上，PHP提升到全球计算机编程语言第4名，在专注WEB程序开发的语言中，其排名前三甲。2011年有超过77%的网站是用PHP编写的，PHP的市场份额有77.3%，74.4%的企业认为招聘到理想的PHP程序员有难度。由此可见PHP作为WEB开发的重要语言之一已被广大的企业和程序员所认可，PHP有着良好的发展前景。

目前市场虽然已经有很多与PHP相关的书籍，但大部分属于针对技术人员自学和参考的大块头书籍，或是针对本科学生的教材，高职类的PHP教材相对较少。在现有的PHP技术类教材中，不是没能很好地与用人单位技能相结合，就是太偏重技术研究，不能很好地适用于高职人才培养。针对这种情况，本书主要针对高职培养应用型人才组织编写。

本书围绕企业岗位用人需求，在内容的设计上以一个简易企业发布系统为载体，本着“适宜、够用”的思想，融入PHP程序员开发岗位所需的技能和知识。在内容的组织上采用分模块、分层次的思想。依据企业工作岗位的能力要求选择内容组成本书的学习单元，在单元的内容组织上，以学习情境、工作任务为主，可适用于高职的案例教学或基于工作过程式学习情境教学，以培养学生动手能力为主，单元中配有相关的知识及能力扩展。在掌握学习单元后就能基本达到企业的能力需求，同时单元中也设计了能力提高模块，供学有余力的学生进行自我提高。本书的课后练习题主要是为了帮助学生考取PHP行业相关认证和提高招聘面试的过关率。

本书一共分为7个学习情境，前三个学习情境主要解决PHP环境、基础语法、用户表单数据获取与处理等基本能力；学习情境4、5主要解决PHP数据库操作、文件上传下载、PHP图形图像处理等企业中实际需要的工作技能；学习情境6通过一个简易的企业新闻发布系统，将前面的工作技能融入一个“真实”的项目中，强化学生技能的实现，让学生知道前面所学技能的运用，并了解项目开发的基本过程。学习情境七主要是通过案例讲解PHP面向对象、MVC等高级技能，为学生后期学习更深层次的知识打下基础和兴趣。本书第2、3、4学习情境由石磊编写，第1、5、6、7学习情境由李华平编写。

在本书中，部分理论概述和简介来自PHP网上开源社区，未来得及标注，如有触及您的版权请与作者联系，作者会在后期版本中进行标注和感谢，本书的编写离不开PHP社区和其他老师的支持，在此对本书提供帮助的人表示衷心的感谢！

由于作者水平有限，不足之处在所难免，敬请读者批评指正。

编　著

2014年2月

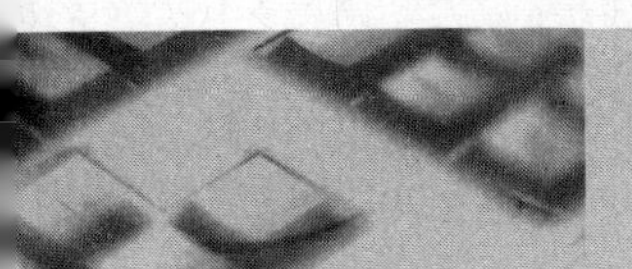

目录 CONTENTS

学习情境1 PHP运行环境搭建

1.1 任务引入

在学习任何一门WEB 动态语言时，其运行环境搭建和配置是初学者首先必须掌握的一项基本技能。本学习情境主要通过3个任务让学生掌握WAMP（Windows+Apache+MySQL+PHP）环境手动搭建和集成环境安装，并掌握常用配置。在学习本学习情境前，学生应首先搜集WAMP环境安装知识，并下载环境所需的软件。

1.2 任务分析

1.2.1 任务目标

通过本学习情境的WAMP 插件方式手动安装、WAMP集成环境安装、WAMP 环境常用配置的学习，学生应达到如下目标：

- 熟练掌握WAMP 运行环境安装；
- 掌握WAMP 运行环境常用配置设置；
- 了解B / S 的相关知识。

1.2.2 设计思路

本学习情境主要通过两种PHP运行环境的安装及常用配置，让学生熟练掌握PHP运行环境的安装，了解B/S的相关知识。本学习情境的任务既可以教师演示讲解为主，也可采用基于“工作过程导向”方式，让学生自主练习为主。本学习情境任务可根据学生层次要求进行取舍，建议以开发为主的学生将本学习情境任务全部完成，如本课程为专业辅助课程，只需选取任务2进行学习即可。本学习情境任务组成：

☆**任务1**：WAMP 环境安装方式一， PHP 插件方式手动安装PHP 运行环境。

☆**任务2**：WAMP 环境安装方式二， WAMPServer集成环境自动安装。

☆**任务3**：WAMP环境常用配置，站点目录、默认首页、站点列表屏蔽、虚拟站点等常用配置。

1.3 任务实施

任务1 WAMP 插件方式手动安装

1. Apache服务器安装

（1）双击Apache2.2 Windows安装版Apache_2.2.11-win32-x86-no_ssl.msi文件，如图1.1所示。

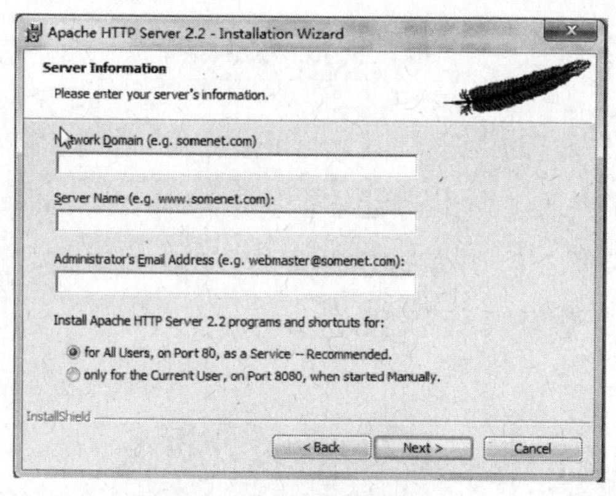

图1.1 服务器信息填写

（2）在"Network Domain"（网络域名）框中输入域名，如"localhost"；在"Server Name"（服务器名称）框中输入服务器名称，如"localhost"；在"Administrator' s Email Address"（管理员邮箱地址）框中输入管理员邮件地址；在"Install apache HTTP server2.2 program and shortools for"选项中，选择Apache 服务器的监听端口（一般选择默认端口80，如本机80端口已被占用，可选下面的备用端口8080，也可后期自行到服务器配置文件修改）。单击"Next"按钮，进入服务器安装方式选择，如图1.2所示。

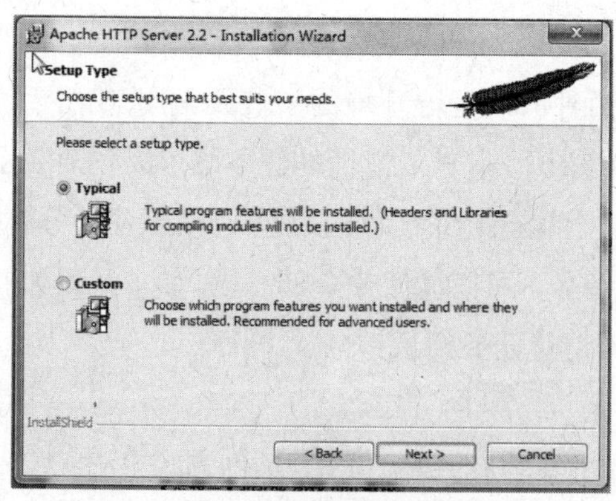

图1.2 安装方式选择

（3）选择安装方式，"Typical"（默认安装）选项表示软件以默认方式安装到操作系统盘的Program Files 文件夹下（作为计算机专业人员，此方式不推荐）；"Custom"（自定义安装）选项表示用户选择自己规划的路径进行安装。建议安装原则：

• 安装路径的目录层次结构不要超过两层；

• 不要使用中文路径名，推荐使用具有含义的英文或拼音；

• 安装软件的路径最后一层最好标志软件的名称及版本，如 eg: D:\worktools\apache2.2，以后本学习情境所有软件均安装至D:\worktools 目录下。

（4）测试。如果安装成功，在操作系统的托盘下方，将出现样绿色标志，打开浏览器，在地址栏输入：http://localhost，将会显示“It works !”字样。如未安装成功，请使用netstat-abn测试安装端口是否被占用或查看安装日志。

安装目录中的重要文件（夹）说明：Bin 目录：存放可执行或批处理功能性程序目录；Conf目录：存放Apache配置文件目录；Logs目录：存放服务器日志文件目录；Htdocs目录：Web服务器默认站点目录；Manual目录：存放说明手册文件目录；Modules目录：存放扩展功能模块文件目录；Httpd.conf：Web 服务器主配置文件。

2. PHP插件安装

（1）将PHP解压版文件（eg: php-5.2.14-Win32.zip）解压至相应目录，如D:\worktools\php5.2.14。

安装目录中的重要文件（夹）说明： ext：存放PHP动态扩展文件文件夹；php5apache2_2.dll：apache2.2 与 PHP5 结合动态文件；php.ini-dist：PHP配置文件原始文件；libmysql.dll：PHP支持MySQL 操作库文件（使用MySQL需放入到系统Windows 目录下）；install.txt：PHP安装说明文件。

（2）配置PHP模块，打开Apache 配置文件httpd.conf，在Dynamic Shared Object (DSO) Support 章节末（126行）添加Apache 的PHP 模块加载。加载方式：LoadModule php5_module“动态文件路径”，如：LoadModule php5_module“D:/worktools/php5.2.14/php5apache2_2.dll”。

> 温馨提示
>
> • 动态文件路径在PHP 解压根目录下，有多个版本，其规律是PHP版本Apache版本.dll。eg: php5apache2.dll 表示是支持PHP5和Apache2.0整合动态文件；php5apache2_2表示是支持PHP5和Apache2.2整合的动态文件。
>
> • 动态文件的路径建议使用Linux 操作系统路径分隔符规范“/”，用反斜杠。
>
> • Apache 配置文件中的“#”表示注释的意思。
>
> • 可打开PHP 解压版安装说明文件install.txt，使用Ctrl+F 快捷键查找loadModule 。

（3）用户指定加载php.ini 配置文件路径，设置PHPIniDir 选项。如：PHPIniDir “D:/worktools/php5.2.14/php.ini”。技巧：可打开PHP 解压版安装说明文件install.txt，使用Ctrl+F快

捷键查寻“php.ini”，查找到PHPIniDir 指令。此项不是必选项，如用户不指定PHP配置文件php.ini路径，需将php.ini 放至操作系统盘Windows目录下，建议采用用户指定加载php.ini 配置文件路径模式。

（4）添加Apache服务器对PHP 文件类型支持，在loadModule 后添加“AddType application/x-httpd-php.php”内容。 技巧：可打开PHP 解压版安装说明文件install.txt，使用Ctrl+F快捷键查找“addType”， 将代码拷贝粘贴到相应位置。

3.PHP 插件配置

（1）生成PHP配置文件php.ini，在PHP 解压路径下，将php.ini-dist 文件的文件名改为php.ini，如果未指定加载php.ini 的路径，需将php.ini 文件存放到操作系统盘的Windows 目录下(建议将php.ini-dist文件复制后，在副本的基础上进行修改)。

（2）配置PHP动态扩展库，打开php.ini 配置文件，将491行extension_dir指向PHP解压下的ext 扩展动态库文件夹路径。技巧：在php.ini文件中使用Ctrl+F（快捷键查找“extension_dir”，找到相应指令位）。

（3）打开常用功能，找到585行Dynamic Extensions章节，打开常用扩展功能。将extension=php_gd2.dll、extension=php_mysql.dll前的“; ”去掉，在php.ini中“;”表示注释的意思。将libmysql.dll复制一份至操作系统盘Windows目录下。

4.MySQL 数据库安装

（1）双击MySQL for Windows 安装文件，界面如图1.3所示。

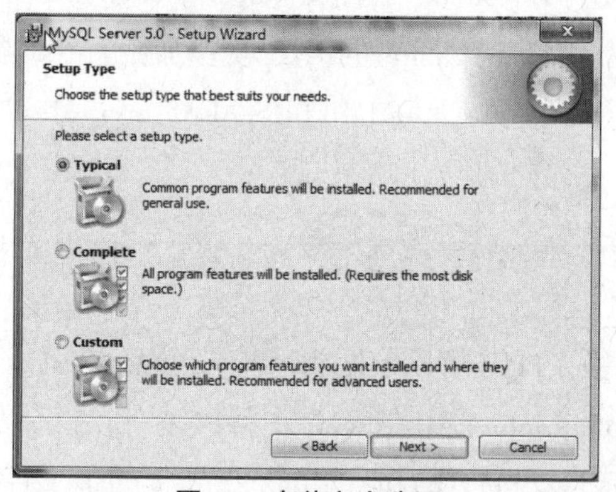

图1.3　安装方式选择

（2）选择安装方式，选择“Custom”选项，单击“Next”按钮，再单击“Change”按钮，选择定义安装路径，如图1.4所示。参数说明：“Typical”为默认安装，将会安装通用功能，并默认安装到系统盘Program Files目录下；“Complete”为全部安装，将会安装所有功能，并安装到系统盘Program Files目录下；“Custom”为用户自定义安装，自定义安装路径及功能（推荐方式）。

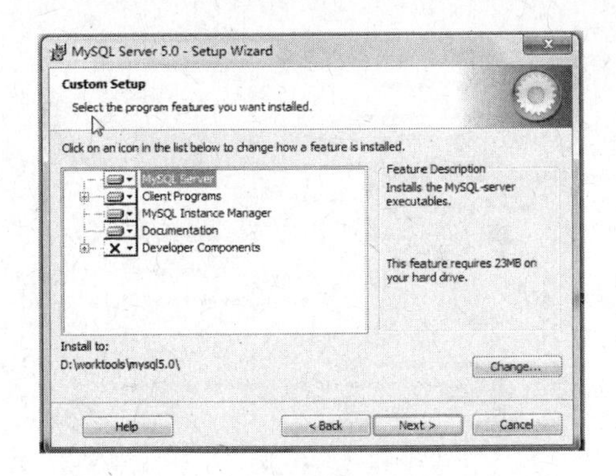

图1.4 MySQL自定义安装

(3) 依次单击 “Next” → “Install” → “Skip sign-up” → “Next” 按钮，至图1.5所示界面。

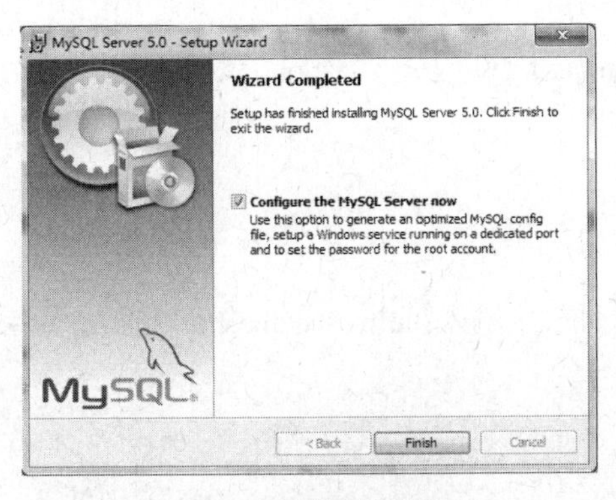

图1.5 数据库配置管理

(4) 依次单击 “Finish” → “Next” 按钮，直至服务器默认编码选择，在 “Character Set” 选项框中，选择数据库编码，建议选择 “utf-8”，如图1.6所示。

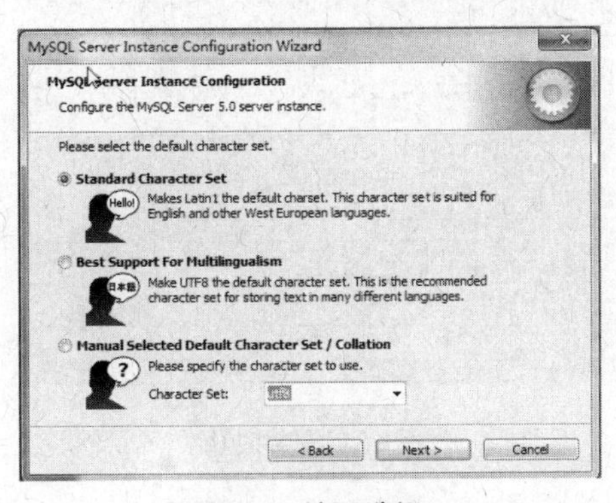

图1.6 编码选择

(5) 单击 “Next” 按钮直至安全密码设置界面，在 “New root password” 输入框中输入数据库管理员密码，并在 “Confirm” 输入框中输入确认管理密码，完成管理员密码设置，如图1.7所示，单击 “Next” → “Excute” 按钮，完成MySQL 安装。

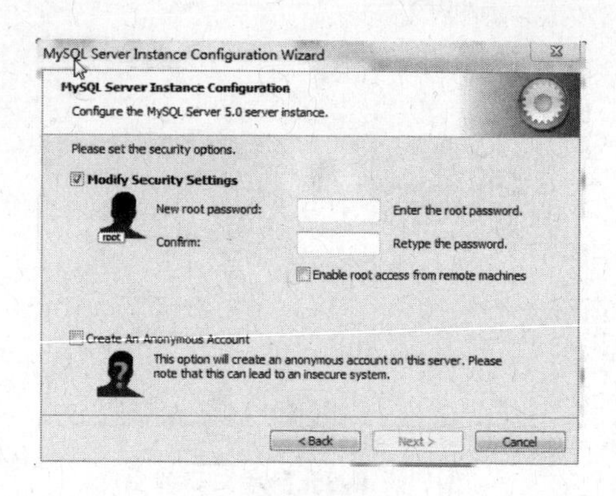

图1.7　密码设置

5.测试WAMP 运行环境

（1）在默认站点目录htdocs下，新建一个test.php 文件，并输入如下内容：

```
<?php
phpinfo();
?>
```

（2）打开浏览器，在地址栏中输入：http://localhost/test.php ，如果如图1. 8所示，表示PHP 运行环境安装成功。

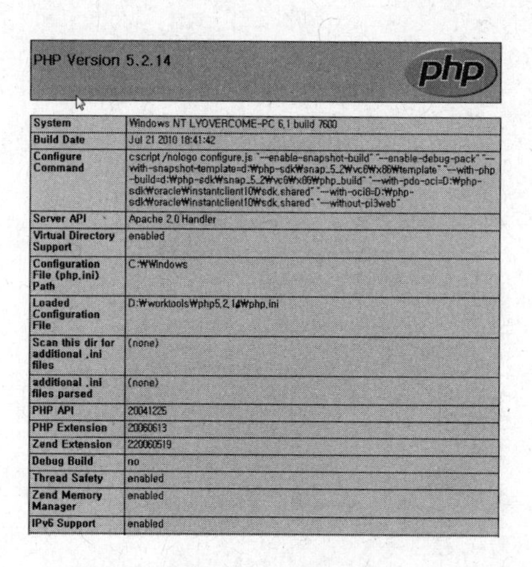
PHP Version 5.2.14

System	Windows NT LYOVERCOME-PC 6.1 build 7600
Build Date	Jul 21 2010 18:41:42
Configure Command	cscript /nologo configure.js "--enable-snapshot-build" "--enable-debug-pack" "--with-snapshot-template=d:\php-sdk\snap_5_2\vc6\x86\template" "--with-php-build=d:\php-sdk\snap_5_2\vc6\x86\php_build" "--with-pdo-oci=D:\php-sdk\oracle\instantclient10\sdk,shared" "--with-oci8=D:\php-sdk\oracle\instantclient10\sdk,shared" "--without-pi3web"
Server API	Apache 2.0 Handler
Virtual Directory Support	enabled
Configuration File (php.ini) Path	C:\Windows
Loaded Configuration File	D:\worktools\php5.2.14\php.ini
Scan this dir for additional .ini files	(none)
additional .ini files parsed	(none)
PHP API	20041225
PHP Extension	20060613
Zend Extension	220060519
Debug Build	no
Thread Safety	enabled
Zend Memory Manager	enabled
IPv6 Support	enabled

图1.8　安装成功

任务2　WAMPServer集成环境安装

WAMPServer是Apache+PHP+MySQL 在Windows下的集成环境，拥有简单的图形和菜单安装。该版本集成了PHP5.2.5、 Mysql5、 Apache2、 PHPMyAdmin 2.11和SQLiteManager，能满足大部分PHP开发者的功能需求。

（1）双击“WampServer2.1a-x32.exe”文件进行安装，单击“Next”按钮，如图1. 9所示。

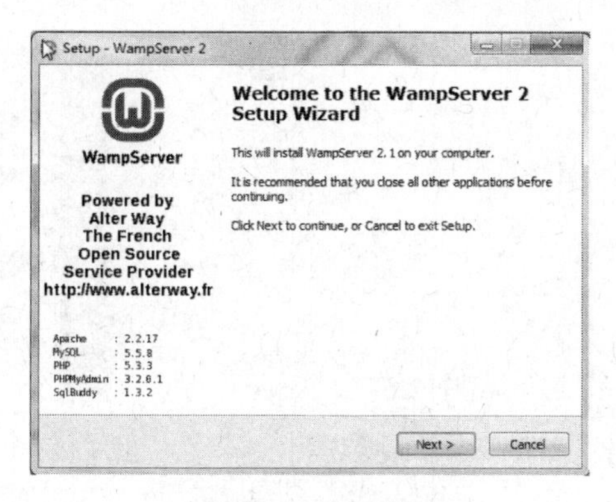

图1.9 安装向导

(2) 进入安装协议界面，选择“I accept the agreement”单选按钮，单击“Next”按钮，如图1.10所示。

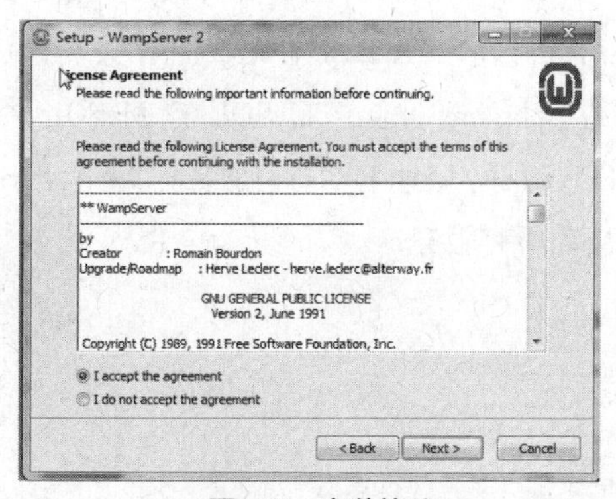

图1.10 安装协议

(3) 进入安装路径选择界面，单击“Browse…”按钮，选择安装路径，单击“Next”按钮，如图1.11所示。

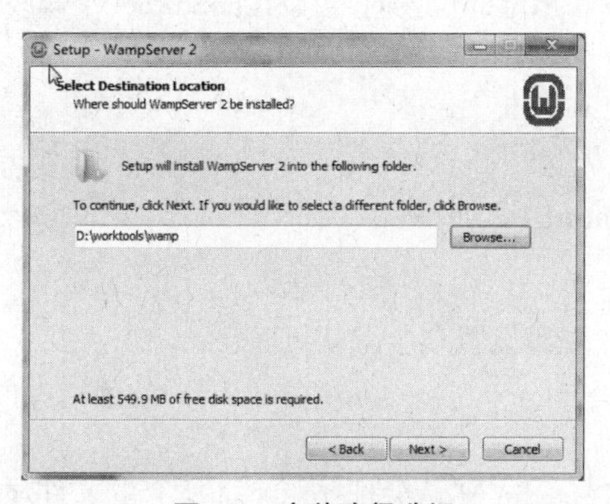

图1.11 安装路径选择

(4) 依据用户的使用习惯选择是否添加桌面和快速启动图标。参数说明：“Create a QuickLaunch icon”为创建快速启动图标；“Create a Desktop icon”为创建桌面图标，如图1.12所示。

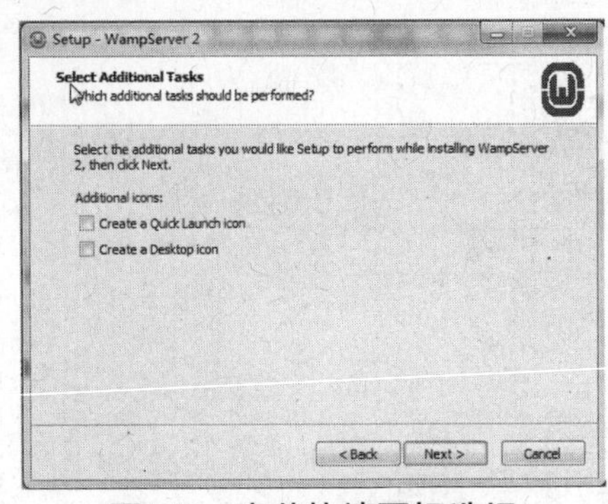

图1.12　安装快捷图标选择

图1.13　集成环境管理界面

（5）依次单击“Next”→“Install”→“Next”→“Finish”按钮完成软件安装。安装完成后，操作系统盘的托盘上会出现软件图标，单击图标会弹出图1. 13所示界面。

集成环境管理界面说明：“Localhost”：服务器测试界面；“phpMyAdmin”：数据库管理工具；“www directory”：存放服务器文件目录；“Apache”：Apache 相关设置（版本、配置文件、日志）；“PHP”：PHP 相关设置（版本、php.ini、日志）“MySQL”： MySQL 相关设置（版本、MySQL控制器、错误日志）；“Start All Services”：快速启动所有服务；“Stop All Services”：停止所有服务；“Restart All Services”：重新启动所有服务。

任务3　WAMP 常用环境配置

1.服务器文件目录（站点）配置

A）DocumentRoot "自定义站点文件夹路径"

B）<Directory "自定义站点文件夹路径权限设置">

当需要将网络文件存放在指定的位置时，可以在httpd.conf 中修改上述内容。

2.默认(首)页设置

```
<IfModule dir_module>
  DirectoryIndex index.html
</IfModule>
```

注：默认首页可以按优先级设置多个默认页面。

3.屏蔽列表

当用户输入域名或IP，Apache 默认会把站点下面所有的文件显示出来，这样很不安全，为了屏蔽站点目录文件，可以对站点文件夹配置进行修改，去掉Indexes FollowSymLinks，即在<Directory "自定义站点文件夹路径"> 下的Indexes FollowSymLinks加上“#”即可。提示：修改了服务器配置需重新启动服务器。

1.4 任务小结

本学习情境主要讲解了PHP环境的搭建，包括Apache、MySQL、PHP的安装与配置。首先在安装软件时，大家应养成良好的软件安装习惯，要清楚知道软件安装位置，还要有一个统一的规划；其次在安装软件时要养成良好的环境测试习惯，主要讲解了端口测试命令NETSTAT -abn，Apache安装成功测试和PHP安装成功测试的方法，以及Apache 的站点、默认页面、屏蔽目录等常用设置。注意：在进行Apache和PHP配置文件的编写时，Apache 中的“#”表示注释，php.ini 文件中的 “;” 表示注释。

1.5 知识拓展

1.5.1 PHP 简介

PHP（Hypertext Preprocessor，英文超级文本预处理语言）是一种 HTML 内嵌式语言，是一种在服务器端执行的嵌入HTML文档的脚本语言，其语言的风格类似于C语言，被广泛地运用。PHP的应用发展非常迅猛，它的强大功能使其成为了许多程序员在开发网站时的首选语言，或者说是开发动态网站的必选语言。截至2010年年末，中国的网站数，即域名注册者在中国境内的网站数（包括在境内接入和境外接入）共近300万个，其中70%以上是基于PHP语言开发的动态网站。百度、新浪、凤凰、搜狐、人人网、TOM等各大互联网门户网站都在广泛使用PHP。另外，企业内部的Web办公、管理系统等，也在使用PHP语言。PHP工程师的平均工资在行业中也处于较高 水平。

1. PHP的特性

- 开放的源代码：所有的PHP源代码事实上都可以得到。
- PHP是免费的：和其他技术相比，PHP本身免费。
- PHP的快捷性：程序开发快，运行快，易学习。因为PHP可以被嵌入于HTML语言，相对于其他语言，编辑简单，实用性强，更适合初学者。
- 跨平台性强： 由于PHP是运行在服务器端的脚本，可以运行在UNIX、Linux、Windows操作系统下。
- 效率高：PHP消耗的系统资源较少。
- 图像处理：用PHP动态创建图像。
- 面向对象：在PHP4、PHP5中，面向对象方面都有了很大的改进，现在PHP完全可以用来开发大型商业程序。
- 专业专注： PHP支持脚本语言为主，同为类C语言。

2. PHP常用服务器架构

PHP +Apache+MySQL、PHP +IIS+ MySQL、Nginx+PHP+ MySQL。

3.PHP常用开发工具

常用开发工具有Dreamweaver、EditorPlus、UltraEdit、PHPeclipse、ZendStudio。推荐初学者使用EditorPlus 等类似的简易文本编辑器，如学习较为困难也可以使用Dreamweaver。

1.5.2 B/S相关知识

1.WWW 服务器

Web服务器也称为WWW(WORLD WIDE WEB)服务器，主要功能是提供网上信息浏览服务。

(1)应用层使用HTTP协议。

(2)HTML文档格式。

(3)浏览器统一资源定位器(URL)。

WWW 服务器采用的是客户/服务器结构，其作用是整理和储存各种WWW资源，并响应客户端软件的请求，把客户所需的资源传送到 Windows 95(或Windows 98)、Windows NT、UNIX 或 Linux 等平台上。 使用最多的 Web Server 服务器软件有两个：微软的信息服务器(IIS)和Apache。

2.B/S 工作原理

用户通过浏览器URL(统一资源定位地址)发送HTTP请求，服务器接收到请求后，在Web服务器站点下去查找相应的网络文件，如文件不存在，返回错误信息，如文件存在，如不需服务器解析直接将文件响应给浏览器下载，如需解析，Web服务器将文件解析成能被浏览器识别的文件后响应给浏览器下载。B/S工作原理，如图1.14所示。

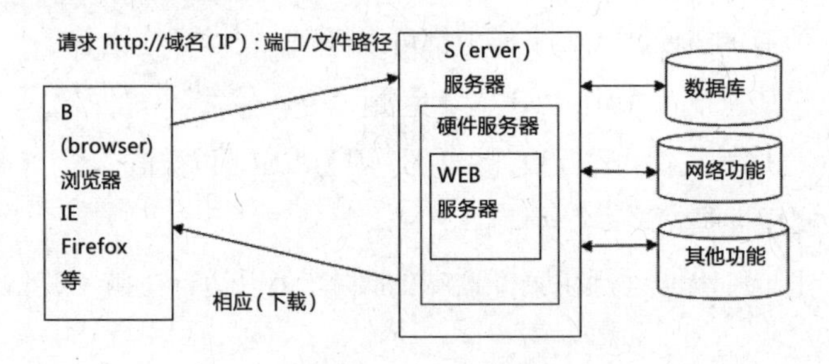

图1.14 B/S 工作原理图

3.DNS域名解析

DNS(Domain Name System，计算机域名系统)是由解析器和域名服务器组成的。域名服务器是指保存有该网络中所有主机的域名和对应IP地址，并具有将域名转换为IP地址功能的服务器。域名必须对应一个IP地址，而IP地址不一定有域名。域名服务器为客户机/服务器模式中的服务器方，它主要有两种形式：主服务器和转发服务器。在Internet上域名与IP地址之间是一对一(或者多对一)的，域名虽然便于人们记忆，但机器之间只能互相认识IP地址，它们之间的转换工作称为域名解析，域名解析需要由专门的域名解析服务器来完成，DNS就是进行域名解析的服务器。DNS命名用于Internet等TCP/IP网络中，通过用户友好的名称查找计算机和服务。当用户在应用程序中输入 DNS 名称时，DNS 服务可以将此名称解析为与之相关的其他信息，如 IP 地址。因为，在上网时输入的网址是通过域名解析系统解析找到了相对应的IP地址，实现上网功能。其实，域名的最终指向是IP。

4.HTTP协议

HTTP （超文本传输协议）是一个属于应用层的面向对象的协议，由于其简捷、快速的方式，适用于分布式超媒体信息系统。它于1990 年提出 ，目前 在WWW中使用的是 HTTP/1.0的第六版， HTTP/1.1 的规范化工作正在进行中，而且 HTTP-NG(Next Generation of HTTP) 的建议已经提出。HTTP 协议的主要特点如下：

• 支持客户 / 服务器模式。

• 简单快速：客户向服务器请求服务时，只需传送请求方法和路径。请求方法常用的有 GET、HEAD、POST，每种方法规定了客户与服务器联系的不同类型。由于 HTTP 协议简单，使得 HTTP 服务器的程序规模较小，因而通信速度较快。

• 灵活： HTTP协议允许传输任意类型的数据对象。正在传输的类型由 Content-Type 加以标记。

• 无连接：限制每次连接只处理一个请求。服务器处理完客户的请求，并收到客户的应答后，即断开连接。采用这种方式可以节省传输时间。

• 无状态：是指协议对于事务处理没有记忆能力。缺少状态意味着如果后续处理需要前面的信息，则必须重传信息，这样可能导致每次连接传送的数据量增大。另一方面，在服务器不需要先前信息时，它的应答就较快。

HTTP URL（URL 是一种特殊类型的 URI，包含了用于查找某个资源的足够的信息）的格式为：http://host[":"port][abs_path]。HTTP表示要通过 HTTP 协议来定位网络资源；host 表示合法的 Internet 主机域名或者 IP 地址；port 指定一个端口号，为空则使用缺省端口80；abs_path 指定请求资源的 URI；如果 URL 中没有给出 abs_path，那么当它作为请求 URI 时，必须以 “/” 的形式给出，通常浏览器会自动完成。例如，在浏览中输入：www.php100.com，浏览器自动转换成：http://www.php100.com/。

（1）HTTP请求

HTTP请求由请求行、消息报头、请求正文3部分组成。 请求行以一个方法符号开头， 以空格分开，后面跟着请求的 URI 和协议的版本，格式为 ：Method Request-URI HTTP-Version CRLF。其中，Method 表示请求方法； Request-URI 是一个统一资源标志符； HTTP-Version 表示请求的HTTP 协议版本； CRLF 表示回车和换行（除了作为结尾的 CRLF 外，不允许出现单独的 CR 或 LF 字符）。请求方法（所有方法全为大写）有多种，其主要方法的解释如下：

• GET 请求获取 Request-URI 所标志的资源；

• POST 在 Request-URI 所标志的资源后附加新的数据；

- HEAD 请求获取由 Request-URI 所标志的资源的响应消息报头；
- PUT 请求服务器存储一个资源，并用 Request-URI 作为其标志。

（2）HTTP响应

在接收和解释请求消息后，服务器返回一个 HTTP 响应消息。HTTP响应由状态行、消息报头、响应正文3部分组成。状态行格式为：TP-Version Status-Code Reason-Phrase CRLF。其中，HTTP-Version 表示服务器 HTTP 协议的版本； Status-Code 表示服务器发回的响应状态代码；Reason-Phrase 表示状态代码的文本描述。状态代码由3位数字组成，第一个数字定义了响应的类别，有5种可能取值：

1xx：指示信息——表示请求已接收，继续处理；

2xx：成功——表示请求已被成功接收、理解、接受；

3xx：重定向——要完成请求必须进行更进一步的操作；

4xx：客户端错误——请求有语法错误或请求无法实现；

5xx：服务器端错误——服务器未能实现合法的请求。

常见状态代码、状态描述、说明：

200 OK：客户端请求成功；

400 Bad Request：客户端请求有语法错误，不能被服务器所理解；

401 Unauthorized：请求未经授权，这个状态代码必须和 WWW-Authenticate 报头域一起使用；

403 Forbidden：服务器收到请求，但是拒绝提供服务；

404 Not Found：请求资源不存在， eg：输入了错误的 URL；

500 Internal Server Error：服务器发生不可预期的错误；

503 Server Unavailable：服务器当前不能处理客户端的请求。

1.5.3 PHP开发工具

编写PHP代码的工具主要分为两类，一类为普通文本类编辑工具，如Editplus、NotePad++、Dreamweaver、UltraEdit、记事本，另一类为集成开发工具，如Zend Studio、PHPStrom、EcliipsePHP studio（EPP）。对于PHP开发工具的选择，建议初学者选用第一类，当对PHP较为熟悉后再选用集成开发工具，并对要非常熟练的操作集成开发工具的配置、功能。熟练掌握集成开发工具的快捷键和调试功能的使用。

1. EditPlus

EditPlus是一款由韩国 Sangil Kim （ES-Computing）出品的小巧且功能强大的可处理文本、HTML和程序语言的32位编辑器，其界面如图1.15所示。默认支持HTML、CSS、php、asp、Perl、C/C++、Java、JavaScript和VBScript等语法高亮显示，通过定制语法文件，可以扩展到其他程序语言。EditPlus还提供了与Internet的无缝连接，可以在EditPlus的工作区域中打开Intelnet浏览窗口。

用户只需设置好站点或页面路径，即可对编写的网页代码进行访问。其配置和使用非常简单，几分钟就可以完成配置，很适合初学者学习使用。其官方地址：http://www.editplus.com/。用户也可通过其他方式下载。

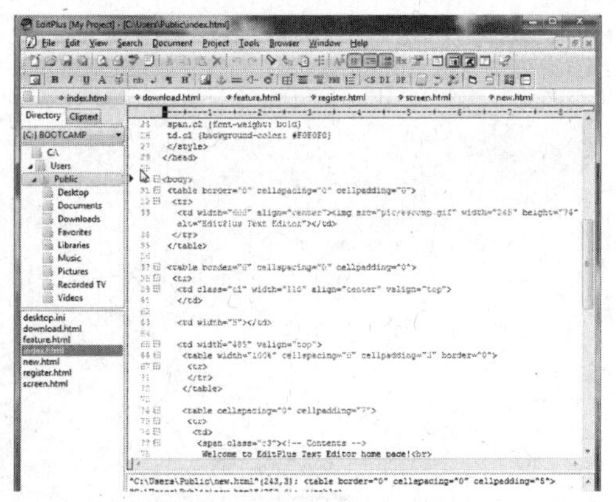

图1.15 EditPlus 工作界面

2. Dreamweaver

Dreamweaver（DW）是当前最流行的网页设计工具，原属Macromedia公司，它与同为Macromedia公司出品的Fireworks和Flash一道，被誉为网页制作三剑客，其界面如图1.16所示。它将可视布局工具、应用程序开发功能和代码编辑支持组合在一起，功能强大，并提供了多种开发视图，使得各个层次的开发和设计人员都能够快速地创建自己的应用程序。其最大的优点就是所见即所得，对W3C网页标准化支持十分到位，同时它还支持网站管理，包含HTML检查、HTML格式控制、HTML格式化选项、图像编辑、全局查找替换、全FTP功能、处理Flash等富媒体格式和动态HTML，而且还支持ASP、JSP、PHP、ASP.NET、XML等程序语言的编写与调试。开发人员可以使用Dreamweaver 及所选择的服务器技术来创建功能强大的Internet应用程序，从而使用户能连接到数据库、Web服务和旧式系统，而且对PHP的支持也非常好。

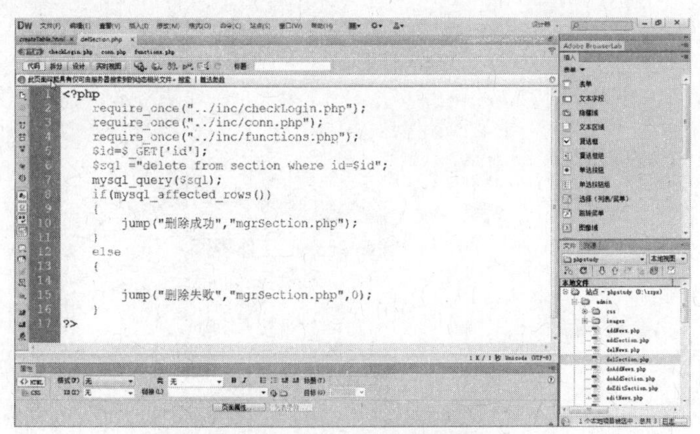

图1.16 Dreamweaver工作界面

3. Zend Studio

Zend Studio 是Zend Technologies开发的PHP语言集成开发环境（Interated Development Enviromment，IDE）。它包括了PHP所有必须的开发部件。通过一整套编辑、调试、分析、优化和

数据库工具，Zend Studio 加速了开发周期，并简化了复杂的应用方案。Zend Studio除了一般编辑器所具有的代码高亮，语法自动缩进，书签功能外，它内置的调试器还支持本地和远程（debug server）两种调试模式，支持诸如跟踪变量、单步运行、断点、堆栈信息、函数调用、查看实时输出等多种高级调试功能。另外，最新版（Zend Studio 10.01）对中文的支持也非常稳定。其工作界面如图1.17所示。

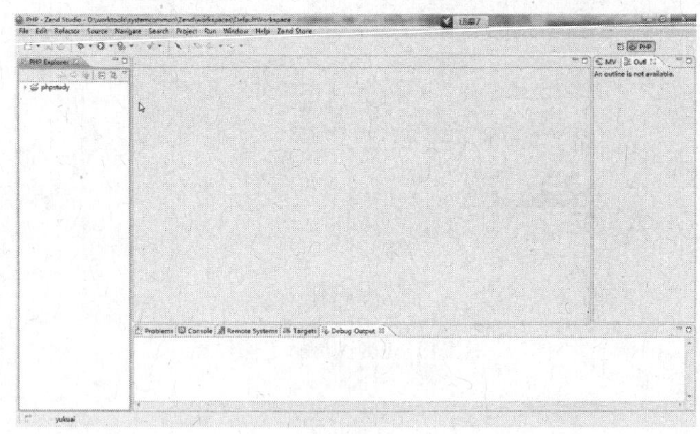

图1.17　Zend Studio 工作界面

4. PHPStorm

PHPStorm是 JetBrains 公司开发的一款商业的 PHP集成开发工具，是一个轻量级且便捷的PHP IDE，其旨在提高用户效率，深刻理解用户的编码。其PHP智能编辑器支持PHP代码补全、智能重复编码检测、PHP重构、Smarty和PHPdoc 等功能。其界面如图1.18所示。

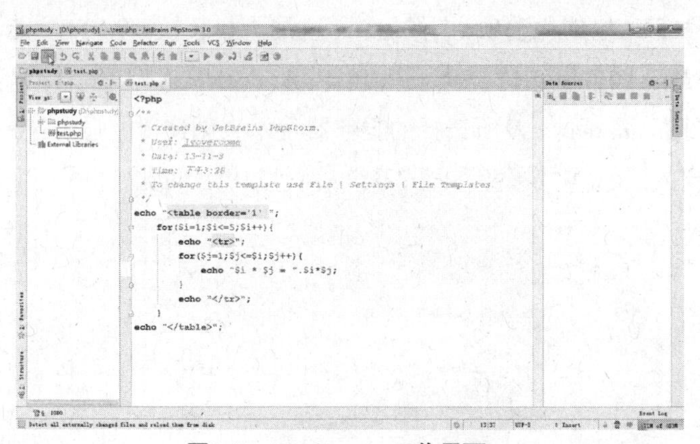

图1.18　PHPStorm 工作界面

1.6　能力拓展

1.6.1　Dreamweaver 下建立站点

Dreamweaver 对PHP和MySQL数据库有很好的支持，且支持LAMP建点环境搭建。在Dreamweaver下搭建好站点后，用户可方便地预览和查看页面运行效果，省去重复打开浏览器进行查看的麻烦。Dreamweaver 站点建立因版本不同而不同，但主要分为两种模式：一种是基本模式，一种是高级模式。由于现在主流的Dreamweaver 版本是CS5以上，所以在此选用CS6版本的高级模式做演示。在搭建站点前，用户需要搭建好PHP运行环境，并知道站点根目录及服务器运行端口。

(1) 打开Dreamweaver，选择菜单项“站点”→“新建站点”，打开“站点设置对象”对话框，在“站点名称”框中输入“phpinstall”，选择PHP服务器根目录为本地站点文件夹，如图1.19所示。

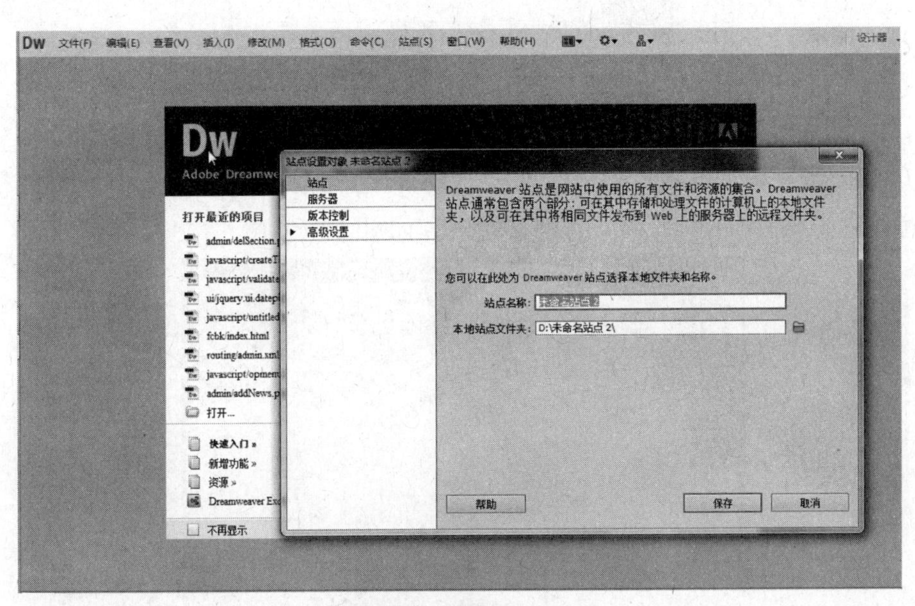

图1.19 新建站点

(2) 选择菜单项“服务器”→“添加新服务器”，打开“服务器设置”对话框，选择“基本”选项，如图1. 20所示。

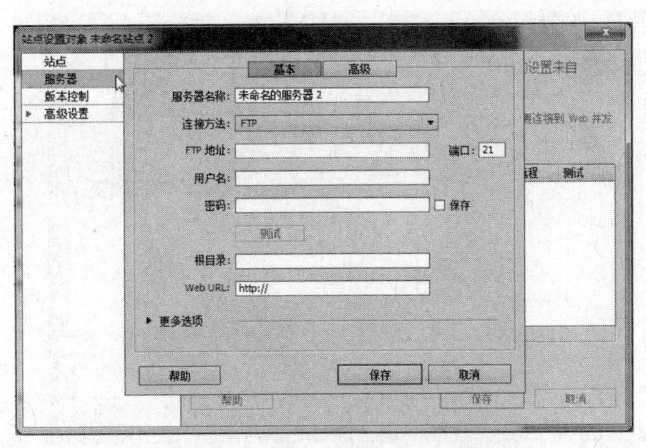

图1.20 服务器基本设置对话框

(3) 在“服务器名称”框中输入“phpstudy”，在“连接方法”选项框中，选择“本地/网络”，在“服务器文件夹”框中，输入（或选择）PHP 站点根目录，在“Web URL”框中输入该项目访问根目录的URL地址（注意服务器的端口，如为80可不填写），如图1.21所示。

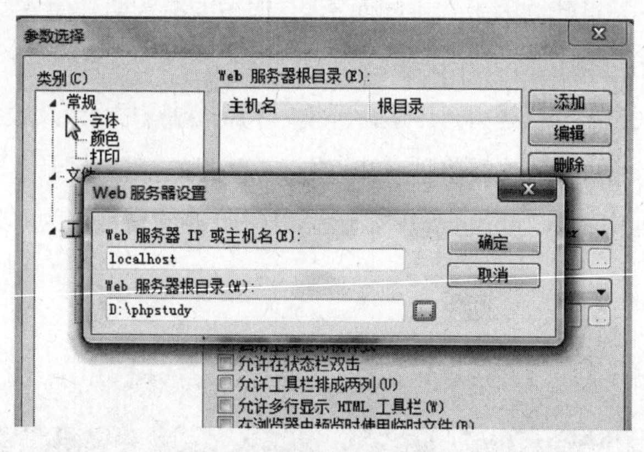

图1.21　服务器基础设置

(4)在“服务器对象设置”对话框中选择“高级”选项，在“测试服务器”的“服务器模型”选项框中选择 “PHP MySQL”，单击“保存”按钮，如图1.22所示。

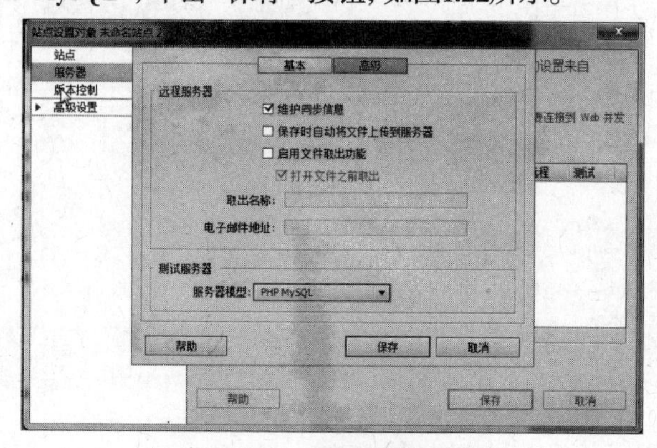

图1.22　服务器模型选择

(5)在服务器的选项中，勾选“测试”，单击“保存”按钮完成站点搭建，如图1.23所示。

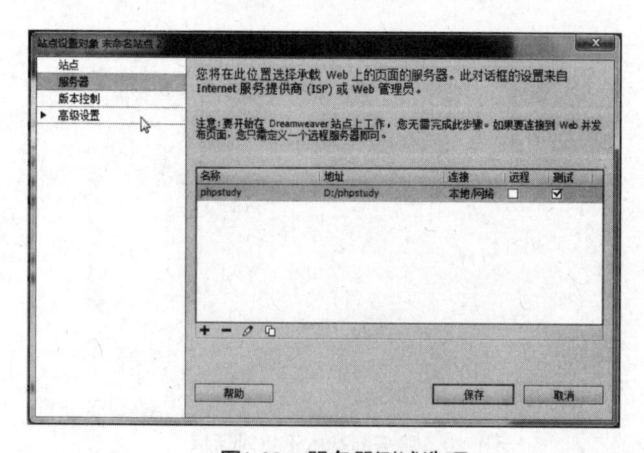

图1.23　服务器测试选项

1.6.2　EditorPlus 下建立站点

EditorPlus 与Dreameaver一样，也支持Web站的配置，用户只需配置好站点文件路径和访问的URL地址即可，配置好后，Web编程人员即可通过EditorPlus的预览功能查看代码运行效果。

(1)打开EditoPlus，选择菜单项“工具”→“首选项”，如图1.24所示。

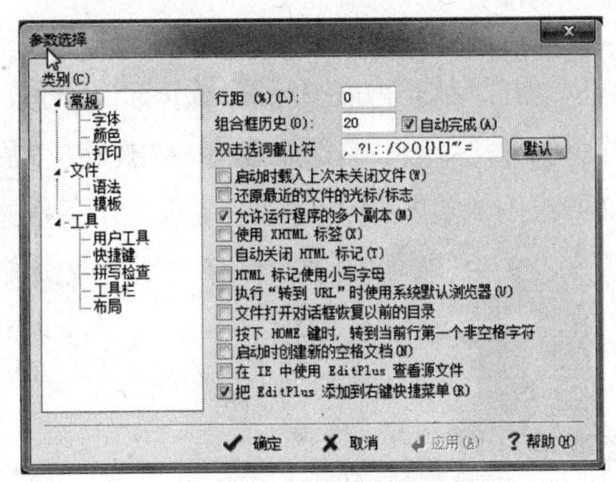

图1.24 参数设置对话框

(2)单击对话框左侧“工具”选项，如图1.25所示。

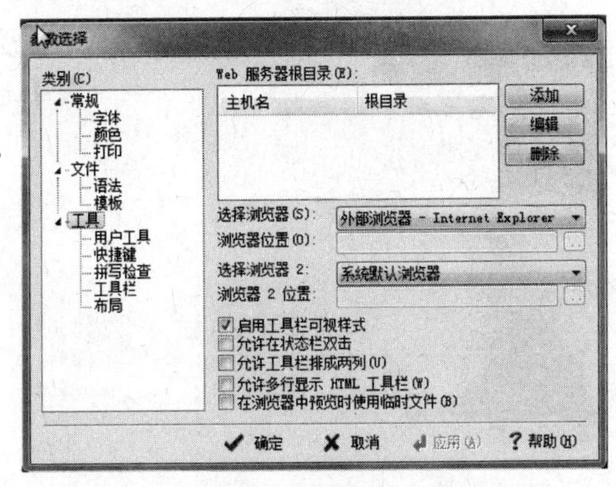

图1.25 工具选项对话框

(3)单击“添加”按钮，填写“Web服务器IP(或主机名)”和“Web服务器根目录”，单击“确定”按钮，完成Web站点的搭建，如图1.26所示。

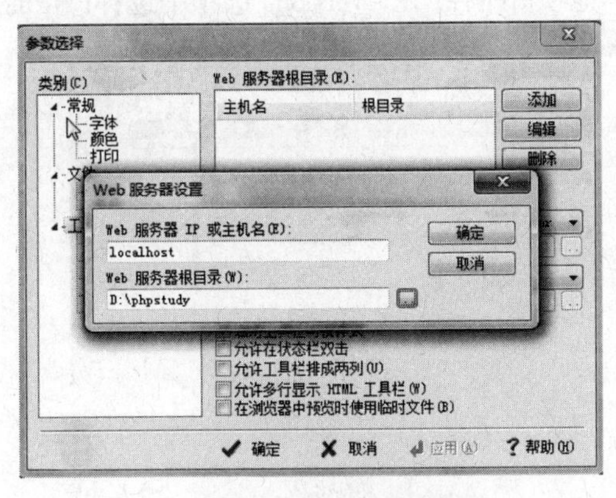

图1.26 Web服务器设置

温馨提示

• EditorPlus下的预览功能，默认是内嵌浏览器，预览时，运行效果会在编辑工具中展示，如用户需在浏览器中展示，应在浏览器选择中选择相应的外部浏览器。

• EditorPlus新建文件或编辑文件后，会自动的生成一个备份文件，如用户觉得使用不便，可在“工具”→“文件”选项中，将“保存时创建备份文件”前面的勾选去掉。

1.6.3 Zend Studio 新建本地项目

(1) 打开Zend Studio，界面如图1.27所示。

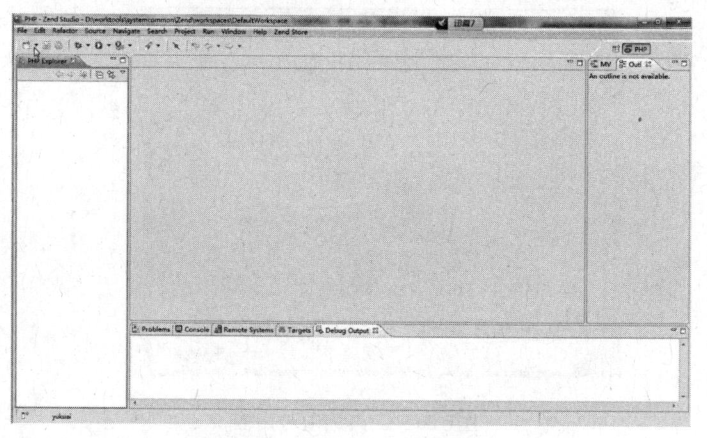

图1.27 Zend Studio界面

(2) 选择菜单项“File”→“New”→“Local PHP project”，在“Project Name”栏中输入项目名称，在“Location”栏中选择本地项目路径，在“Version”选项中选择PHP的版本，如图1.28所示。

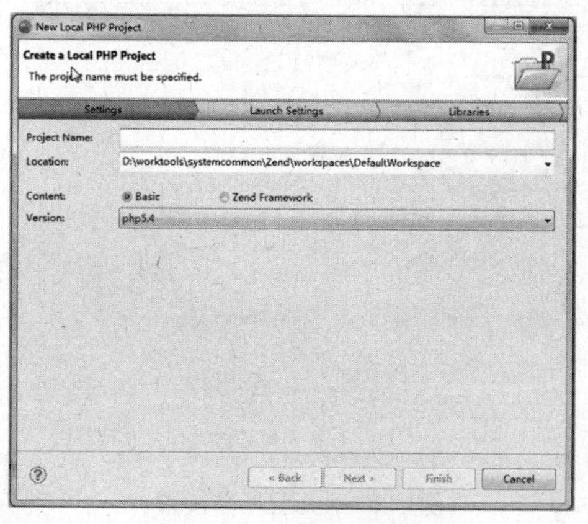

图1.28 创建本地项目

(3) 单击“Next”按钮进入“Launch Settings”设置，在“Host”栏中输入项目的主机名或IP地址，在“Base Path”栏中输入项目URL的相对地址，如果为根目录应用，输入“/”，如图1.29所示。

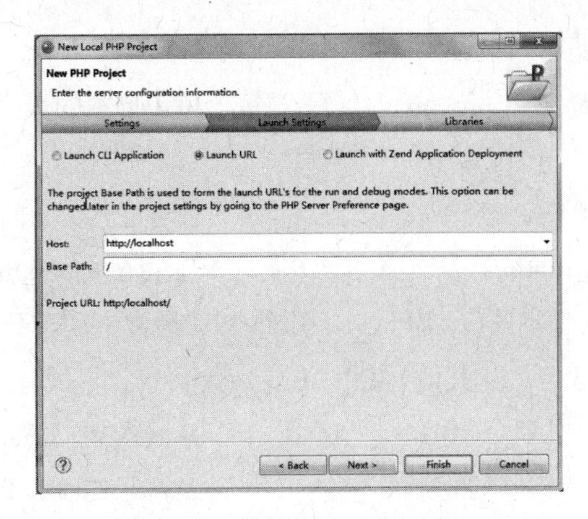

图1.29　Launch Settings设置

(4)单击“Next”按钮进入“Libraries”设置，选择相应库文件的支持，单击“Finish”按钮完成项目创建，如图1.30所示。

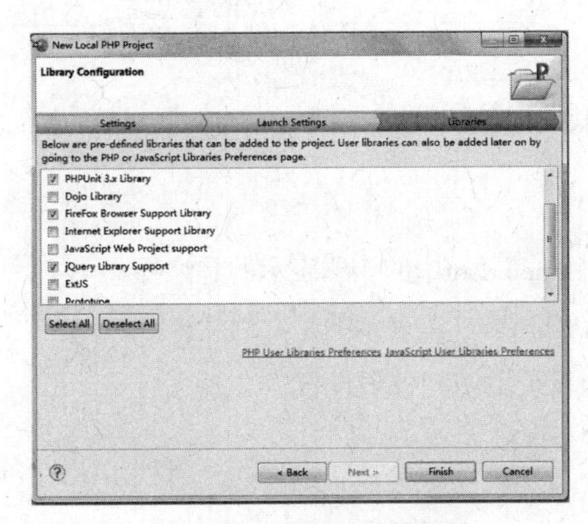

图1.30　项目运行库设置

1.7　巩固提高

1.选择题

(1)关于B/S构架的正确描述是(　　)。

A.需要安装客户端的软件　　B.不需要安装就可以使用的软件

C.依托浏览器的网络系统　　D.依托Outlook等软件的邮件系统

(2)PHP是一种(　　)语言。

A.编译型　　B.解释型　　C.两者都是　　D.两者都不是

(3)以下修改配置的说法错误的是(　　)。

A.使用 set_magic_quotes_runtime()函数可以修改页面过期时间

B.PHP 的配置文件选项存放在php.ini文件中

C.Linux 下修改了php.ini文件需要重启Apache服务

D. 默认网页过期时间是30 s

(4) 在 PHP5 的配置文件 php.ini 中，设置“每个PHP脚本的最大执行时间”的配置项是（　　）。

A. default_socket_timeout　　B. max_execution_time

C. magic_quotes_runtime　　D. max_input_time

(5) PHP是一种____脚本语言，基于____引擎，PHP最常被用于开发动态____的内容。此外，它同样还可被用来生成____（其他）文档。（　　）

A.动态、PHP、数据库、HTML　　B.嵌入式、Zend、HTML、XML

C.基于Zend的、PHP、图像、html　　D.基于的Perl、PHP、Web、静态

2.填空题

(1) HTTP 是__________协议，URL的中文翻译是__________。

(2) 网站返回404的含意是____________，403的含意是____________500的含意是___________，503的含意是___________。

(3) 在配置Apache 虚拟目录（站点）时，应对__________选项做配置。

3.判断题

(1) Apahce 的配置文件htppd.conf中的“#”表示的是注释。（　　）

(2) PHP的配置文件php.ini中的“;”表示的是文档注释。（　　）

(3) Apache 可以对站点目录做访问权限设置。（　　）

(4) Apache不能建立多个虚拟站点。（　　）

4.课外练习

(1) 请查阅Nginx相关资料，并下载Windows版Nginx，搭建好Windows下Nginx服务器环境，并做好相关配置。

(2) 下载Zend Studio和PHPStrom，熟练掌握这两种集成工具的基本使用和常用快捷键。

学习情境2 输出文本数据

2.1 任务引入

在PHP的系统开发中，对数据进行页面输出是常见的数据处理方式。当PHP获得数据后，根据系统的需要，可以把这些数据以HTML文本的形式输出显示在页面上。如，我们需要把一些个人信息显示在页面中，显示的信息有：姓名、性别、年龄、爱好、月收入等。在本学习情境中，我们将学习PHP语言中的数据输出。

2.2 任务分析

2.2.1 任务目标

通过本学习情境中制作基本信息页面、数据运算、输出数据的学习，学生应达到如下目标：

- 了解PHP中的基本数据类型；
- 了解PHP中的运算符与表达式；
- 了解PHP工作原理；
- 掌握PHP中的变量和常量的定义与使用。

2.2.2 设计思路

本学习情境主要通过按即定格式输出用户基本信息，让学生掌握PHP变量、常量的定义和使用，并引出PHP的运算符、表达式等相关语句语法的基础知识，通过echo 语句的使用体会PHP的运行原理。本学习情境任务组成：

☆**任务1：**制作基本信息页面。
☆**任务2：**对数据进行运算。
☆**任务3：**输出用户基本信息数据。

2.3 任务实施

任务1 制作基本信息页面

1.创建页面 index.php

在PHP站点中，创建index.php，在页面中写下如下基本信息：

```
<h2>个人信息</h2>
<p>姓名：</p>
<p>性别：</p>
<p>年龄：</p>
<p>月均收入：</p>
<p>年收入：</p>
```

2.定义PHP变量

上面的每条信息的具体数据都要用PHP代码输出，因此我们需要利用PHP指定每条信息的具体数据。添加PHP代码如下：

```
<?php
    $name = "张三" ; //姓名
    $sex = "男" ;   //性别
    $age = 24 ;     /*年龄*/
    $shouru = 2000 ;  /*收入*/
?>
<h2>个人信息</h2>
<p>姓名：</p>
<p>性别：</p>
<p>年龄：</p>
<p>月均收入：</p>
<p>年收入：</p>
```

任务2 对数据进行运算

1.定义常量

常量表示一年中共有多少个月。

基本信息中的“年收入”是全年12个月的总收入。修改PHP代码如下：

```
<?php
    define("NIAN",12); //定义NIAN常量，表示一年有12个月
```

```
    $name = "张三" ;
  $sex = "男" ;
  $age = 24 ;
  $shouru = 2000 ;
?>
```

2.运算年收入

年收入数据为“月均收入×12”，在PHP中的乘法用“*”号表示。修改PHP代码如下:

```
<?php
  define("NIAN",12); //定义NIAN常量，表示一年有12个月
  $name = "张三" ;
  $sex = "男" ;
  $age = 24 ;
  $shouru = 2000 ;
  $nian_shouru = $shouru*NIAN ;
?>
```

任务3　输出用户基本信息数据

要在页面中的对应位置输出相应的信息，修改PHP代码如下:

```
  <?php
    define("NIAN",12); //定义NIAN常量，表示一年有12个月
    $name = "张三" ;
    $sex = "男" ;
    $age = 24 ;
    $shouru = 2000 ;
    $nian_shouru = $shouru*NIAN ;
?>
<h2>个人信息</h2>
<p>姓名: <?php  echo $name ;  ?></p>
<p>性别: <?php  echo $sex ;  ?></p>
<p>年龄: <?php  echo $age ;  ?></p>
<p>月收入: <?php  echo $shouru ;  ?></p>
<p>年收入: <?php  echo $nian_shouru;  ?></p>
```

在PHP环境中运行页面可以看到如下结果:

个人信息

姓名: 张三

性别: 男

年龄: 24

月收入: 2000

年收入: 24000

2.4 任务小结

本学习情境通过一个用户基本信息数据的定义及输出，讲解了PHP变量、常量的定义和输出。通过本学习情境的操作，学生应掌握PHP变量、常量的定义与使用，并掌握PHP基础语法。PHP基础语法在下面的小结，知识拓展和能力拓展中有补充和拓展。

2.4.1 PHP标记

PHP是一种脚本语言，可以嵌入到HTML（Hypetext Markup Language，超文本标记语言）中。目前，HTML是页面暂时的标准语言，在页面中的一切内容都需要放入HTML标签中去，比如DIV、P、A标签等。

PHP代码嵌入页面中时，就要使用PHP代码特有的标签：

```
<?php
  //PHP代码写在这里
 ?>
```

PHP代码就添加在这对标签之间。其中，“<?php” 表示PHP代码的开始，“? >”表示PHP代码的结束。“<?php ”和“? >”，加上中间的PHP代码，一起成为一个完整的PHP代码段。在一个页面中可以有多个PHP代码段。比如：

```
<?php
  $name = “张三” ;
?>
<?php
  $sex = “男” ;
?>
```

“<?php ?>”是PHP的规范标签。也可以使用简写方式“<? ?>”，不过要使用这种方式，需要在php.ini文件中将short_open_tag 设置为On，默认是关闭的（Off）。

2.4.2 PHP中的变量

代码如下：

$name = "张三" ; //姓名

代码中, $name是一个典型的PHP变量。变量就是"可以改变的量", 是PHP程序中存储数据地址的一个别名。我们可以把变量理解为一个容器, 是用来存储数据的。

"="是一个赋值的过程, 表示把右边的数据存放到左边的变量里。在上面的代码中, 我们把"张三"这个数据存储到了$name这个变量中。

PHP中的变量都是以"$"符号开头, "name"是变量的名称, "张三"是这个变量的值。变量的名字可以任意起, 但是必须遵从一定的命名规则:

(1) 必须以字母或下划线 "_" 开头。

(2) 只能包含字母数字字符以及下划线。

(3) 不能包含空格。

如果变量名由多个单词组成, 那么应该使用下划线进行分隔 (比如 $my_string), 或者以大写字母开头 (比如 $myString)。例如:

```
<?php
   $4site = 'not yet' ; // 非法变量名; 以数字开头
   $_4site = 'not yet' ; // 合法变量名; 以下划线开头
   $i站点is = 'mansikka' ; // 合法变量名; 可以用中文
?>
```

尽管变量名可以使用中文, 但是不推荐使用。

(4) 变量名不能是一些关键字。关键字就是在PHP中已经另有用途的单词, 比如if、else、break等。

常见的部分关键字如下:

and、or、xor、array、as、case、class、const、continue、declare、default、die、do、echo、else、elseif、empty、enddeclare、endfor、endforeach、endif、endswitch、endwhile eval、exit、extends、for、foreach、function、global、if、include、include_once、isset、list、new、print、require、require_once、return、static、switch、unset、use、var、while、try、catch

2.4.3 PHP中的常量

除了变量外, PHP程序中也有些数据不可改变, 就是"常量"。就像生活中, 有些数据是不可更改的, 比如, 一年有12个月, 不会多也不会少。要表示常量, 需要使用以下格式:

define("常量名", 常量值);

比如:

define("NIAN", 12); //定义NIAN常量, 表示一年有12个月

通过define函数可以定义一个常量。常量名不带"$", 可以大写或者小写, 也可以大小写混合使用, 但是一般习惯为全部大写。并且, 程序中一个常量的大小写是固定的, 不要随便变

换。以上代码中，定义了一个常量NIAN，它的值为12。

常量的名称也不能是关键字。

2.4.4 PHP注释

注释是对代码的功能说明，在PHP代码运行的时候，注释会被忽略掉。注释是为了帮助开发人员理解代码的作用。特别是大型的PHP程序中，为了增强代码的可读性，注释显得尤为重要。

PHP常用的注释方式有两种：

（1）PHP单行注释，顾名思义，就是只能写在一行的注释，例如：

$name = "张三" ; //姓名

“//姓名”是对这段代码的单行注释说明。因为是单行注释，因此“//”后面的内容只能写在一行，如果写在了两行或者多行的话， PHP就会报错。

（2）PHP多行注释，也就是可以写在多行的注释，例如：

$name = "张三" ; /*姓名*/

代码段后面的“/* …….*/”是PHP的多行注释。因为是多行注释，因此“/*　*/”之间的内容可以写在两行或者多行（当然，也可以把注释写成一行）。

2.4.5 PHP的基本输出语句：echo

echo实际上不是一个函数，是PHP语句，因此无需对其使用括号。不过，如果希望向echo() 传递一个以上的参数，那么使用括号会发生解析错误。而且echo是返回void的，并不返回值，所以不能使用它来赋值，例如：

```
<?php
 $a = echo("hello"); // 错误！不能用来赋值
 echo、"hello"; // hello
 echo ("hello "); // hello
 echo ("hello ","你好"); //发生错误，有括号不能传递多个参数
 echo "hello"," 你好"," 我好", " 大家好";
/* 不用括号的时候可以用逗号隔开多个值
会输出“你好我好大家好” */
 echo " good
 morning."; // 不管是否换行，最终显示都是为一行 good morning
?>
```

2.4.6 PHP的运行原理

成功运行PHP页面后，在浏览器中查看源文件，会看到如下代码：

```
<h2>个人信息</h2>
<p>姓名：张三</p>
<p>性别：男</p>
<p>年龄：24</p>
<p>月均收入：2000</p>
< p>年收入：24000</p>
```

之前我们写的PHP代码不见了，取而代之的确是一些HTML代码。

这时因为，PHP服务器在得到用户的页面访问请求时，会把含有PHP代码的文件转换为HTML代码页面，传输给用户客户端（浏览器）。这样用户看到的就只是完整的HTML代码，而PHP的运行代码则被很好地隐藏起来。

这么做可以极大地保证整个系统运行的安全性，防止系统的数据和源码的泄露。整个PHP执行过程，如图2. 1所示。

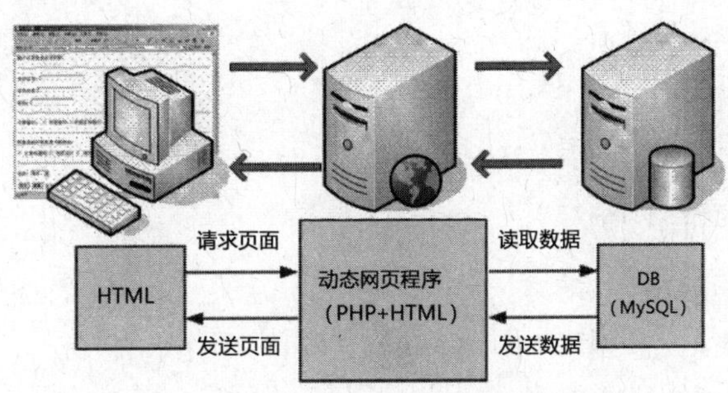

图2.1 PHP执行过程示意图

2.5 知识拓展

2.5.1 数据类型

我们应该注意到，在前面的数据中，有的变量值有引号，有的没有，这是因为它们的数据的类型不一样，例如：

```
<?php
    $name = "张三" ;
    $sex = "男" ;
    $age = 24 ;
    $shouru = 2000 ;
    define("NIAN",12);、//定义NIAN常量，表示一年有12个月
?>
```

1.基本数据类型

（1）boolean（布尔型）

是最简单的类型。boolean 表达了真值，可以为 TRUE 或 FALSE，也可以是小写的true或flase。两个都不区分大小写，例如：

```
<?php
  $foo = true;
?>
```

布尔值，经常用在判断语句中：

```
if ($action == true) {
  echo "The action  is true";
}
```

温馨提示

以下值当转换为 boolean 时，被认为是 FALSE：

- 布尔值 FALSE
- 整型值 0（零）
- 浮点型值 0.0（零）
- 空白字符串和字符串 "0"
- 没有成员变量的数组
- 没有单元的对象（仅适用于 PHP 4）
- 特殊类型 NULL（包括尚未设定的变量）

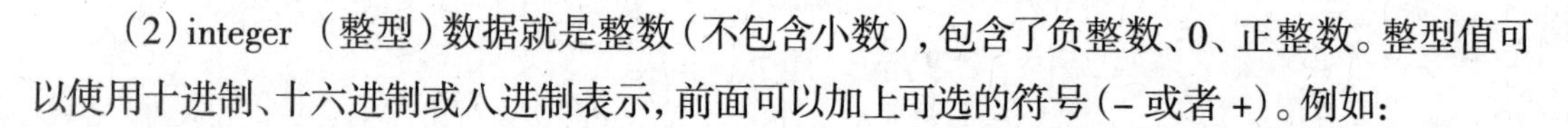

（2）integer（整型）数据就是整数（不包含小数），包含了负整数、0、正整数。整型值可以使用十进制、十六进制或八进制表示，前面可以加上可选的符号（- 或者 +）。例如：

```
<?php
  $a = 1234; // 十进制数
  $a = -123; // 负数
  $a = 0123; // 八进制数 (等于十进制 83)
  $a = 0x1A; // 十六进制数 (等于十进制 26)
?>
```

（3）float（浮点型，也叫浮点数、双精度数或实数）可以用以下任意语法定义：

```
<?php
$a = 1.234;
$b = 1.2e3;  /*1.2×10^2*/
```

```
$c = 7E-10; /*7×10^-10*/
?>
```

(4) string （字符串）就是由一系列的字符组成。定义一个字符串的最简单的方法是用单引号或者双引号把它包围起来（‘’或者“”）。

使用单引号或双引号的区别在于，在单引号字符串中的变量和特殊含义的字符将不会被替换，而双引号会解析特殊字符和变量。

```
<?php
 $name = 'hello';
 echo "the $name";
 //会输出 the hello

 $name2= 'hello';
 echo 'the $name2';
 //会输出 the $name2
?>
```

2.复合类型

(1) array （数组）。实际上是一个有序的数据组合。它的数据是以“键(key) => 值(value)对”的形式存储，key 可以是整型数据（integer）或者字符串数据（string）。例如：

```
<?php
  $arr = array("foo" => "bar",23 => “bus” );
  echo $arr["foo"]; // bar
  echo $arr[23];  // bus
  print_r($arr) ; //输出整个数组
?>
```

(2) object（对象）。现实世界中的每一个事物都可以看成是一个对象。从程序的角度来看，每个对象都有属性（特征）和方法（行为）。面向对象程序设计就是利用客观事物的这种特点，将客观事物抽象为类，而类是对象的模板。要创建一个新的对象（object），使用 new 语句实例化一个类：

```
<?php
class foo // 定义一个foo类
{
  function、do_foo( ) //定义类的方法
  {
      echo "Doing foo.";
```

```
    }
}

$bar = new foo( ); //创建类foo的对象bar
$bar->do_foo( ); //输出 Doing foo
?>
```

3.特殊类型

（1）resource（资源）是一种特殊变量，保存了到外部资源的一个引用。资源是通过专门的函数来建立和使用的。

（2）NULL（空值）表示一个变量没有值。NULL 类型只有一个值，就是大小写不敏感的关键字 NULL（也可以写成null）。

在下列情况下一个变量被认为是 NULL：

- 被赋值为 NULL
- 尚未被赋值
- 被 unset( )

可以通过一些函数对变量的数据类型进行检查。

类型检查函数	类　型	描　述
is_bool()	布尔型	值为 true 或 false
is_integer()	整形	整数
is_double()	双精度型	浮点数（有小数点的数字）
is_sting()	字符串	字符数据
is_object()	对象	对象
is_array()	数组	数组

2.5.2　可变变量

可变变量是指一个变量的变量名可以动态的设置和使用。例如：

```
<?php
  $a = 'hello';
  $$a = 'world';
?>
```

这时，两个变量都被定义了：$a 的内容是“hello”并且 $hello 的内容是“world”。因此，可以表述为：

```
<?php
```

```
  $a = 'hello';
  $$a = ‘world’ ;
  echo "$a ${$a}"; //hello world。
?>
```

以下写法更准确并且会输出同样的结果：

```
<?php
  $a = 'hello' ;
  $$a = ‘world’ ;   //相当于 $hello
  echo "$a $hello" ; //hello world
?>
```

2.5.3 运算符

1.算术运算符

PHP中也可以实现数据运算，通用的算术运算符如下：

例　子	名　称	结　果
-$a	取反	$a 的负值
$a + $b	加法	$a 和 $b 的和
$a - $b	减法	$a 和 $b 的差
$a * $b	乘法	$a 和 $b 的积
$a / $b	除法	$a 除以 $b 的商
$a % $b	取模	$a 除以 $b 的余数

2.递增/递减运算符

PHP中的递增(++)、递减(- -)运算符如下所示：

例　子	名　称	结　果
++$a	前加	$a 的值加一，然后返回 $a
$a++	后加	返回 $a，然后将 $a 的值加一
--$a	前减	$a 的值减一， 然后返回 $a
$a--	后减	返回 $a，然后将 $a 的值减一

```
<?php
  $a = 5;
  echo "应该是5: " . $a++ . "<br />\n";
```

```
    echo "应该是6: " . $a . "<br />\n";
    $a = 5;
    echo "应该是6: " . ++$a . "<br />\n";
    echo "应该是 6: " . $a . "<br />\n";

    $a = 5;
    echo "应该是5: " . $a-- . "<br />\n";
    echo "应该是 4: " . $a . "<br />\n";

    $a = 5;
    echo "应该是4: " . --$a . "<br />\n";
    echo "应该是4: " . $a . "<br />\n";
?>
```

3.赋值运算符

基本的赋值运算符是“=”。“=”不是数学中的“等于”符号，在程序中表示“赋值”操作，即把右边表达式的内容存储在左边的变量里。

```
<?php
  $a = ($b = 4) + 5;、// $a 现在成了 9，而 $b 成了 4。
?>
```

除此之外，PHP还有组合赋值运算符。例如：

例　子	名　称	结　果
+=	x+=y	x=x+y
-=	x-=y	x=x-y
*=	x*=y	x=x*y
/=	x/=y	x=x/y

```
<?php
  $a = 10 ;
  $a +=5 ; // $a 成了 15

  $b = 10 ;
  $b -=5 ; // $b 成了 5

  $c = 10 ;
```

```
  $c *=5 ; // $c 成了 50

  $d = 10 ;
  $d /=5 ; // $d 成了 2
?>
```

4.比较运算符

比较运算符允许对两个值进行比较。其比较的结果为布尔值，TRUE或FALSE。例如：

例　子	名　称	结　果
$a == $b	等于	TRUE，如果类型转换后 $a 等于 $b
$a === $b	全等	TRUE，如果 $a 等于 $b，并且它们的类型也相同
$a != $b	不等	TRUE，如果类型转换后 $a 不等于 $b
$a <> $b	不等	TRUE，如果类型转换后 $a 不等于 $b
$a !== $b	不全等	TRUE，如果 $a 不等于 $b，或者它们的类型不同
$a < $b	小于	TRUE，如果 $a 严格小于 $b
$a > $b	大于	TRUE，如果 $a 严格大于 $b
$a <= $b	小于等于	TRUE，如果 $a 小于或者等于 $b
$a >= $b	大于等于	TRUE，如果 $a 大于或者等于 $b

5.条件运算符

条件运算符是“？：”。表达式 (expr1) ? (expr2) : (expr3) 在 expr1 求值为 TRUE 时的值为 expr2，在 expr1 求值为 FALSE 时的值为 expr3。例如：

```
<?php
  $a = 100 ;
  $b = 80 ;
  $c = $a > $b ? "Yes" : "No" ;
  echo $c ; // Yes
?>
```

6.逻辑运算符

主要逻辑运算符如下：

例　子	名　称	结　果
$a and $b	And（逻辑与）	TRUE，如果 $a 与 $b 都为 TRUE

续表

例 子	名 称	结 果
$a or $b	Or（逻辑或）	TRUE，如果 $a 或 $b 任一为 TRUE
$a xor $b	Xor（逻辑异或）	TRUE，如果 $a 或 $b 任一为 TRUE
! $a	Not（逻辑非）	TRUE，如果 $a 不为 TRUE
$a && $b	And（逻辑与）	TRUE，如果 $a 与 $b 都为 TRUE
$a || $b	Or（逻辑或）	TRUE，如果 $a 或 $b 任一为 TRUE

```
<?php
  $a=true;
  $b=false;

  echo "And（逻辑与）";  //TRUE，如果 $a 与 $b 都为 TRUE
  echo $a and $b; //返回 空  false;

  echo "Or（逻辑或）";  //TRUE，如果 $a 与 $b 都为 TRUE
  echo  $a or $b; //返回 1 TRUE;

  echo "Xor（逻辑异或）";  //TRUE，如果 $a 或 $b 任一为 TRUE，但不同时是
  echo  $a xor $b;  //返回 1 TRUE;

  echo "Not（逻辑非）"; //TRUE，  如果 $a 不为 TRUE
  echo  !$a;      //返回 空 false;

  echo "And（逻辑与）";   //TRUE，如果 $a 与 $b 都为 TRUE
  echo $a && $b;    //返回 空 false;

  echo "Or（逻辑或）";    //TRUE，如果 $a 或 $b 任一为 TRUE
  echo $a || $b;    //返回 1 TRUE;
?>
```

7.字符串运算符

共有两个字符串运算符。第一个是连接运算符（“.”），它返回其左右参数连接后的字符串。第二个是连接赋值运算符（“.=”），它将右边参数附加到左边的参数后。例如：

```
<?php
```

```
    $a = "Hello ";
    $b = $a . "World!"; //   "Hello World!"

    $a = "Hello ";
    $a .= "World!";      // "Hello World!"
?>
```

8.运算符优先级

一个表达式往往包含了多种运算符。各种运算符在表达式运算的过程中执行的顺序也不相同，优先级高的运算符会被先运行，优先级低的运算符会被后运行。PHP中各种运算符的优先级排列如下（由高到低）：

运算符的优先级
( )
! , ~, ++, --
*, /, %
+, -, .
<, <=, >, >= , <>
== , !=, ===, !==
&
^, |
&&,||
?:
= , +=, -=, *=, /=, .=, %=
and, xor , or

2.5.4 表达式

表达式是 PHP最重要的基础。在 PHP中，几乎所有的内容都是一个表达式。简单而又精确的定义一个表达式的方式是“任何有值的东西”。

最基本的表达式形式是常量和变量。当键入“$a = 5”，即将值“5”分配给变量 $a。“5”的值为 5，换句话说“5”是一个值为 5 的表达式（在这里，“5”是一个整型常量）。

赋值之后，所期待的情况是 $a 的值为 5，因而如果写下 $b = $a，期望的是它犹如 $b = 5 一样。换句话说，$a 是一个值也为 5 的表达式。

一些表达式可以被当成语句。例如：

```
<?php
    $a=100;
```

```
    $b=$a=5;
?>
```

一个表达式加一个分号结尾，即可成为一条语句。但在“$b=$a=5;”中，$a=5 是一个有效的表达式，但它本身不是一条语句。“$b=$a=5;”是一条有效的语句。

2.5.5 PHP的输出语句

除了echo语句外，PHP还有其他的常用输出语句：

1.print语句

print和 echo用法及功能几乎完全一样，但是echo的速度会比print快。实际上它也不是一个函数，因此无需对其使用括号。两者的区别：在 echo 语句中，可以同时输出多个字符串，而在 print 语句中只可以同时输出一个字符串。例如：

```
<?php
 $a="hello";
 $b="world";
 echo "a","b";
 print "a","b";
?>
```

用浏览器观看这段代码的运行情况后，会看到类似的运行结果：

aba

Parse error: parse error in d:adminmyphphometest.php3 on line 5

这说明这段代码并不能完全通过解释，发生错误的地方就在代码的第5行：“print "a","b";”。

另外，它们的区别还在于，echo前面不能使用错误抑制符@。

2.print_r( )函数

print_r函数可以输出关于变量的一些基础信息。如果变量是string、integer or float，将会直接输出变量的值；如果变量是一个数组，则会输出一个格式化后的数组，也就是“键值对”（键=>值）的形式，便于阅读。例如：

```
<?php
   $arr = array("foo" => "bar", 12 => “car” );
   print_r($arr);
?>
```

结果：

Array

```
(
    [foo] => bar
    [12] => "car"
)
```

正是因为如此，print_r( )在程序调试的时候常用来输出数组数据，以方便对数组内容进行检测。

3.var_dump函数

var_dump函数可以输出变量的内容、类型或字符串的内容、长度等，在程序调试时经常使用。例如：

```
<?php
  $a=100;
  var_dump($a); // 输出 int 100
  $b=true;
  var_dump($b); // 输出 boolean true
  $c = "This is a str";
  var_dump($c); //输出string 'This is a str' (length=13)
?>
```

2.5.6 变量值传递与引用赋值

变量在赋值的过程中，默认情况下是传值赋值。也就是说，当一个变量的值赋予另外一个变量时，改变其中一个变量的值，将不会影响到另外一个变量。例如：

```
<?php
  $a = 100 ;
  $b = $a; //把$a的值赋给$b, $a与$b均是100
  $a = 120 ; // 改变$a的值为120
  echo $a."<br/>" ; // 输出$a得到120
  echo $b ; // 变量$b依然是100
?>
```

PHP也提供了另外一种方式给变量赋值：引用赋值，表示新的变量引用了（换言之，"成为其别名" 或者 "指向"）原始变量。改动新的变量值将影响到原始变量，反之亦然。

使用引用赋值，是简单地将一个 & 符号加到将要赋值的变量前（原始变量）。例如，下列代码将输出"你好，我是PHP" 两次：

```
<?php
```

```
    $a = 'Hello';    // 将 'Hello' 赋给 $a
    $b = &$a;   // $b通过&引用$a的值
    $b = "你好, 我是PHP";   // 修改 $b 变量
    echo $b;
    echo $a;   // $a 的值也被修改为 "你好, 我是PHP"
?>
```

2.6 能力拓展

2.6.1 使用 <?=?> 输出变量

在PHP中，为了提高代码开发效率，可以使用短型输出语句<?=?>对内容进行输出。例如：

```
<?php
    define("NIAN",12);、//定义NIAN常量，表示一年有12个月
    $name = "张三" ;
    $sex = "男" ;
    $age = 24 ;
    $shouru = 2000 ;
    $nian_shouru = $shouru*NIAN ;
?>
<p>姓名: <?=$name ?></p>
<p>性别: <?=$sex ?></p>
<p>年龄: <?=$age ?></p>
<p>月收入: <?=$shouru ?></p>
<p>年收入: <?=$nian_shouru ?></p>
```

2.6.2 交换两个变量的值

假定有两个变量$a与$b，它们的值如下：

```
<?php
    $a = 100 ;
    $b = 50 ;
?>
```

现在要交换两个变量的值，有两个方法可以参考。

方法1：利用加减法实现，如下：

```
<?php
```

```
  $a = 100 ;
  $b = 50 ;
  $a = $a + $b ;  // 求和
  $b = $a – $b ;  // 得到原$a的值，赋值给$b
  $a = $a – $b ;   //得到原$b的值，赋值给$a
  echo $a ;   // 50
  echo $b ;   //100
?>
```

方法2：利用中间变量实现，如下：

```
<?php
  $a = 100 ;
  $b = 50 ;
  $i = $a ;     //中间变量$i，值为$a
  $a = $b ;     // $b赋值给$a
  $b = $i ;    //$i赋值给$b
  echo $a ;   // 50
  echo $b ;   //100
?>
```

2.7 巩固提高

1. 选择题

（1）以下PHP变量定义，合法的是（　　）。

A. $5bc　　B. $_4　　C. $%c　　D. $#ss

（2）要查看一个变量的数据类型，可使用函数（　　）。

A. type( )　　B. gettype( )　　C. GetType( )　　D. Type( )

（3）print( )与echo( )的区别是（　　）。

A.print( )能作为表达式的一部分，echo( )不能

B. echo( )能作为表达式的一部分，print ( )不能

C. echo()能在CLI（命令行）版本的PHP中使用，print ()不能

D.没有区别，两个函数都打印文本

（4）PHP运算符中，优先级从高到低分别是（　　）。

A. 关系运算符，逻辑运算符，算术运算符

B. 算术运算符，关系运算符，逻辑运算符

C. 逻辑运算符，算术运算符，关系运算符

D. 关系运算符，算术运算符，逻辑运算符

(5) 要查看一个结构类型变量的值,可以使用函数(　　)。

A. print()　　B. print()　　C. print_r()　　D. print_r()

(6) 下列哪个说法是错误的。(　　)

A. gettype()用于查看数据类型

B. 没有被赋值的变量是0

C. unset()被认为为NULL

D. 双引号字符串最重要的一点是其中的变量名会被变量值替代

(7) 将一个值或变量转换为字符类型的函数是(　　)。

A. intval()　　B. strval()　　C. str()　　D. valint()

(8) 要检查一个常量是否定义,可以使用函数(　　)。

A. defined()　　B. isdefine()　　C. isdefined()　　D. 无

(9) 下列不正确的变量名是(　　)。

A. $_test　　B. $2abc　　C. $var　　D. $printr

(10) 函数var_dump的意义是(　　)。

A. 定义数组　　B. 遍历数组　　C. 输出变量的相关信息　　D. 递归数组

(11) 以下代码的运行结果是(　　)。

```
if($i="") {echo "a";} else {echo "b"; }
```

A. 输出a　　B. 输出b　　C. 条件不足，无法确定　　D. 运行出错

(12) 运算符"%"的作用是(　　)。

A. 无效　　B. 取整　　C. 取余　　D. 除

(13) 以下代码的运行结果是(　　)。

```
if($i="") {echo "a";} else {echo "b"; }
```

A. 输出a　　B. 输出b　　C. 条件不足，无法确定.　　D. 运行出错

2.解答题

(1) PHP数据类型有哪些?

(2) PHP脚本中注释有哪几种?

(3) 在PHP中如何定义和使用一个常量，并简述变量与常量的区别。

(4) 求$a的值?

代码如下:

```
<?php
$a = "hello";
$b = &$a;
unset($b);
```

```
$b = "world";
echo $a;
?>
```

(5) 定义字符串变量时, 请说出单引号和双引号的区别?

(6) 有一变量$a的值为10, 使用$a*=5后, 变量$a的值为多少?

(7) 下列代码中, 最后$i, $b输出的值分别是?

```
<?php
 $i=5;
 Echo $i++;
 $b=7;
 echo ++$b
?>
```

3.课外练习

(1) 新建一个文件define.php, 定义常量PI, 并赋值3.1415。

①输出常量PI;

②对常量重新赋值3.1415269, 并输出常量PI, 如有错误, 记录下错误信息。

(2) 新建一个文件var. php , 定义字符串变量str , 值为“how are you”; 定义数据变量a , 值为5。

①分别出输出变量str, a;

②使用unset 销毁变量str, a, 并分别输出, 记录错误信息。

(3) 新建一个文件add.php, 在文件中定义变量name, 赋值为“你的中文名字”, 定义变量hello , 赋值为“how are you”。使用两种方式将name 变量与hello变量连接并赋值给add变量, 最后输出add变量。

学习情境3 获取用户表单数据

3.1 任务引入

在PHP的系统开发中，对用户输入的表单数据进行处理是常见的操作。如日常应用中的用户登录、注册、信息发布等，都属于表单处理。表单在页面中的功能主要有两个：让用户输入数据；把用户输入的数据提交到后台程序页面进行处理。当用户输入了数据之后，提交表单，表单就会把数据提交到服务器上的后台程序，让后台程序对这些数据进行处理，包括数据的获取、验证、数据库操作等。本学习情境主要讲解PHP对表单输入页面的简单处理。

3.2 任务分析

3.2.1 任务目标

通过本学习情境对表单数据操作的学习，学生应达到如下目标：

- 了解表单页面数据的提交方式；
- 了解函数的基本概念以及使用方法；
- 掌握PHP获取表单数据的方法；
- 掌握数组的基本概念以及使用方法；
- 掌握流程控制语句。

3.2.2 设计思路

本学习情境以一个表单页面简单处理的案例为基础，将其分解成三个任务，通过对表单输入数据的获取、验证、输出，让学生熟练地掌握PHP表单的处理，并引出PHP的数组、过程化语句、函数等相关知识和技能的学习。本学习情境任务组成：

☆**任务1**：制作表单页面。

☆**任务2**：输出用户信息。

☆**任务3**：验证用户信息。

3.3 任务实施

任务1 制作表单页面

在PHP站点中，创建index.php，在页面中创建表单（form）和相关表单元素：

（1）表单标签<form>包含的属性有Action和Method。Action指定了处理用户数据的PHP页面。Method指定了数据传送的方式，一般有Post或Get方式，默认为Get。

（2）在表单元素中，一定要写上name属性值，因为PHP正是通过name值获取表单元素的值。页面结构代码如下：

```
<form action="do.php" method="get">
  <p>
   用户名:
   <input name="uname" value="" type="text" />
  </p>

  <p>
   密码:
   <input name="pwd" value="" type="password" />
  </p>

  <p>
   性别:
   保密<input name="sex" type="radio" checked="checked" value="baomi"/>
   男<input name="sex" type="radio"  value="male"/>
   女<input name="sex" type="radio"  value="female"/>
  </p>

  <p>
   爱好:
   爬山<input name="interes[]" type="checkbox" value="pashan"/>
   听歌<input name="interes[]" type="checkbox" value="music"/>
   游戏<input name="interes[]" type="checkbox" value="game"/>
   阅读<input name="interes[]" type="checkbox" value="read"/>
  </p>
```

```
  <p>
  个人介绍：
  <textarea name="jieshao" cols="20" rows="6"></textarea>
</p>

  <p>
   <input name="tijiao" value="提交" type="submit" />
 </p>
 </form>
```

在页面中，指定了数据传送的方式Method为Get，另外一种数据传送的方式是Post。

温馨提示

Post方式传输数据时，不需要在URL中显示出来，而Get方式要在URL中显示。 比如:http://localhost?name=john & age=18。“？”之后的内容就是Get方式在URL地址后添加的参数。

Post传输的数据量大，可以达到2 M，而Get方法由于受到URL长度的限制,只能传递大约1 024 byte。

一般来说，用Post方式传输作为首选，这样做较为安全。

爱好可以是多个的，因此代码中爱好多选框的name值带上了“[ ]”（中括号），表示爱好的数据是一个数组。数组表示可以有多个数据。

任务2　输出用户信息

在form表单中，指定了do.php程序处理表单的数据，do.php代码如下：

```
<?php
    echo "用户名为：".$_GET["uname"];
    echo "<br/>";
    echo "密码为：".$_GET["pwd"];
    echo "<br/>";
    echo "性别为：".$_GET["sex"];
    echo "<br/>";
    echo "爱好为：";
    foreach( $_GET["interest"] as $v ){
            echo $v." ";
```

```
        }
    echo "<br />";
    echo "个人简介为: ".$_GET["jieshao"];
?>
```

当填写完表单内容，单击“提交”按钮时，可以看到页面输出如下：

用户名为：Stones4

密码为：123456

性别为：female

爱好为：pashan music game

个人简介为：你好，我是stones4

任务3　表单验证

用户输入的数据会被PHP直接提交到后台程序，由于用户输入内容的随意性，数据的合法性很难得到保证。因此，我们必须对用户输入的数据进行验证，即进行表单验证。

用户提交表单后，数据会被提交到do.php进行处理，因此表单的验证是在do.php里进行的。

1.验证用户名

用户名作为表单数据中最重要的数据之一，不允许为空。但是，用户是否填写了用户名，无法确定，只能假设，如果（if）用户名数据为空，就要输出提示语句“用户名为空，请重新输入”，同时PHP输出一个链接，以方便用户跳转到之前的页面。代码如下：

```
<?php
    if( empty($_GET["uname"]) ){
            echo "用户名为空，请重新输入！";
            echo "<a href='javascript:history.back()'>返回</a>";
            die(); //终止之后的PHP代码运行，提高代码效率
      };
?>
```

2.验证密码

密码要进行两方面的验证，一个是非空验证，另一个是长度验证。为了保证密码的安全性，网站一般都要求密码长度为6到12位。代码如下：

```
    if( empty($_GET["pwd"]) ){
                echo "密码为空，请重新输入！";
                echo "<a href='javascript:history.back()'>返回</a>";
```

```
        die();
}else if( strlen($_GET["pwd"]) <6 || strlen($_GET["pwd"])>12){
        echo "密码长度为6到12位之间";
        echo "<a href='javascript:history.back()'>返回</a>";
        die();
};
```

3.验证“爱好”（非空）

“爱好”在表单中是一个多项选择，每个选择项都是一个多选框。它们的值共同组成了数组interest。如果，没有选择任何一个选项，那么这个数组interest就是一个空数组。因此，对兴趣的验证还是可以沿用上面的方法。代码如下：

```
if (empty($_GET["interest"]) ){
        echo "爱好还没有选择呢，请重新选择";
        echo "<a href='javascript:history.back()'>返回</a>";
        die();
}
```

4.验证“个人介绍”（非空）

验证“个人介绍”的思路跟前面一样，其代码如下：

```
if( empty($_GET["jieshao"]) ){
        echo "个人介绍还没有写呢，请重新填写";
        echo "<a href='javascript:history.back()'>返回</a>";
        die();
}
```

数据通过验证后，就可以保证PHP后来输出的数据的完整性和正确性。do.php最终的代码如下：

```
<?php
    /*用户名验证（非空）*/
    if( empty($_GET["uname"]) ){
            echo "用户名为空，请重新输入！";
            echo "<a href='javascript:history.back()'>返回</a>";
            die();
    };
    /*密码验证：非空和长度（6~12）*/
```

```
if( empty($_GET["pwd"]) ){
        echo "密码为空，请重新输入！";
        echo "<a href='javascript:history.back()'>返回</a>";
        die();
  }else if( strlen($_GET["pwd"]) <6 || strlen($_GET["pwd"])>12){
        echo "密码长度为6到12位之间";
        echo "<a href='javascript:history.back()'>返回</a>";
        die();
    };
/*兴趣判断（非空）*/
if( empty($_GET["interest"]) ){
        echo "爱好还没有选择呢，请重新选择";
        echo "<a href='javascript:history.back()'>返回</a>";
        die();
    }
/*个人介绍验证（非空）*/
if( empty($_GET["jieshao"]) ){
        echo "个人介绍还没有写呢，请重新填写";
        echo "<a href='javascript:history.back()'>返回</a>";
        die();
    }
?>

<?php
  echo "用户名为: ".$_GET["uname"];
  echo "<br/>";
  echo "密码为: ".$_GET["pwd"];
  echo "<br/>";
  echo "性别为: ".$_GET["sex"];
  echo "<br/>";
  echo "爱好为: ";
  foreach($_GET["interest"] as $v){
        echo $v." ";
    }
```

```
    echo "<br />";
    echo "个人简介为: ".$_GET["jieshao"];
?>
```

3.4 任务小结

本学习情境主要通过对一个表单输入页面进行数据获取、获取数据判断验证、数据输出等简单操作，让学生了解表单传递数据的主要方式（Get、Post），掌握Get、Post表单传递数据的获取方法，在PHP中，表单数据提交后会自动将传递的数据封装到对应的全局数组中，要获取传递数据，只需按数组操作形式处理即可。通过本学习情境的学习，学生还应掌握PHP数组的基本概念及操作，PHP过程化语句和函数的语法格式及使用，这些内容将在下面的小结和能力拓展中讲解。

3.4.1 PHP获取表单数据

PHP获取表单数据的方法有$_GET $_POST和$_REQUEST。选用$_GET还是$_POST方法，是由表单form标签的Method属性指定。

$_GET[]是PHP以Get方式获取数据的方式。表单以Get方式传递数据时，会在页面地址栏后面添加诸如“?uname=john & pwd=1223 & sex=baomi & tijiao=提交”的后缀信息。

使用$_POST获取页面数据，表单的Method要设置为Post。Post传递数据不会在地址栏看到多余的后缀信息。

Get方式的安全性不如Post方式，如果表单提交的信息包含机密信息，应用Post数据提交方式；如果做数据查询时，建议用Get方式；而在做数据添加、修改或删除时，建议用Post方式。

此外，Post方式或者Get方式传递的数据都可以使用$_REQUEST方式获取。

3.4.2 数组与foreach遍历数组

1.数组的基本概念

数组（Array）是一批数据存储的空间。每个空间都存储了一个数据，被称为“元素”，每个元素之间用逗号（,）隔开。每个数组元素是一个“键值对”（key=>value），“键”可以理解为这个空间的名称，“值”则是这个空间的数据。

“键”可以是整型数据或者字符串。如果“键”是一个整型数据的标准表示，则被解释为整数（例如“8”将被解释为数值 8，而“08”将被解释为字符串“08”）。Key 中的浮点数被取整为整型数据。

数组的“值”可以是整数、浮点数、字符串，甚至是另一个数组。

例如，一个数组中包含按字母顺序排列的水果名，键“0”表示苹果，键“1”表示桃子，键“2”表示葡萄。使用PHP语法，该数组如下：

```
$shuiguo = array(
 "0"=>"苹果",
 "1"=>"桃子",
 "2"=>"葡萄"
);
```

2.数组的创建

可以用 array() 语言结构新建一个 Array。它接受任意数量用逗号（，）分隔的“键值对”。要使用某个数组元素，按照“数组名[键]”的格式引用数组元素就可以了，代码如下：

```
<?php
  $arr = array("foo" => "bar", 12 => true);
  echo $arr["foo"]; // bar, 这里不能写成 $arr[foo]
  echo $arr[12];   // 1
?>
```

要输出某个单独的数组元素，可以使用echo，要输出整个数组的内容，就要使用print_r()函数。代码如下：

```
<?php
  $arr = array("foo" => "bar", 12 => true);
  print_r($arr);   //输出整个数组的“键值对”
?>
```

print_r($arr)的结果是：

```
Array
(
    [foo] => bar
    [12] => 1
)
```

如果对给出的值没有指定键名，则取当前最大的整数索引值，而新的键名将是该值加1。如果指定的键名已经有了值，则该值会被覆盖。代码如下：

```
<?php
  // 这个数组与下面的数组相同 ...
  array(5 => 43, 32, 56, "b" => 12);
  array(5 => 43, 6 => 32, 7 => 56, "b" => 12);
  array("foo" => "bar", 12 => true,12=>234);
```

```
  // 最终，键12的值为234，而不是true
?>
```

也可以使用中括号“[]”新建或者修改数组。可以通过明确地设定值来改变一个现有的数组。代码如下：

```
<?php
  $arr[key] = value;
  $arr[] = value;
  // key 可以是整型或字符串
  // value 可以是任意类型的值
?>
```

这是通过在方括号内指定键名来给数组赋值。也可以省略键名，给变量名加上一对空的方括号“[]”。如果 $arr 还不存在，将会新建一个。这也是一种定义数组的替换方法。要改变一个值，只要给它赋一个新值。

如果要删除一个“键值对”，需要使用 unset()。unset()也可以用于删除整个数组。代码如下：

```
<?php
  $arr = array(5 => 1, 12 => 2);
  $arr[] = 56;          // 相当于 $arr[13] = 56;
  $arr["x"] = 42;       // 增加新的元素，键为x，值为42
  unset($arr[5]);       // 删除 5=>1
  print_r($arr) ;       // 看不到 5=>1
  unset($arr);          // 删除整个元素
  print_r($arr) ;       // 为空，因为$arr已经不存在了
?>
```

温馨提示

$_GET、$_POST和$_REQUEST从它们获取数据的格式来看，都要带上中括号“[]”。这个格式跟数组获取元素值的格式很相似。

实际上，它们对PHP来说其实是全局数组。PHP中常用的全局数组除了$_GET、$_POST和$_REQUEST之外，还有$_SERVER。$_SERVER代表了服务器的一些资料。

3. foreach 遍历数组

foreach 是一种遍历数组简便方法，仅能用于数组，当试图将其用于其他数据类型或者一

个未初始化的变量时会产生错误。它有两种语法，代码如下所示。第二种语法比较次要，但却是第一种语法的有用扩展。

```
foreach (array_expression as $value)
    statement
foreach (array_expression as $key => $value)
    statement
```

$value表示的是数组中各个“键值对”的“值”，$key表示各个“键值对”的“键”。foreach语句在遍历数组时，会从数组的第一个“键值对”依次遍历到最后一个“键值对”而不需要理会数组究竟有多少个元素。大多数情况下，我们不可能知道数组有多少个元素，因此foreach是遍历数组中较简便的方法。例如：

```
<?php
  $a = array(1, 2, 3, 17);
  foreach ($a as $v) {
    echo "Current value of \$a: $v.\n";
   }
?>
```

结果：

```
Current value of $a: 1.
Current value of $a: 2.
Current value of $a: 3.
Current value of $a: 17.
```

又例如：

```
<?php
 $a = array(
      "one" => 1,
      "two" => 2,
      "three" => 3,
      "seventeen" => 17
 );
foreach ($a as $k => $v) {
      echo "\$a[$k] => $v.\n";
  }
?>
```

结果：

```
$a[one] => 1.
```

```
$a[two] => 2.
$a[three] => 3.
$a[seventeen] => 17.
```

4.数组与表单多选框的关系

表单中的多选框允许用户同时选择多个数据项，是常见的表单元素之一。多个数据项都是表示的同一个数据，比如，“爱好”这个数据可以有唱歌、读书、爬山等多个选项数据。

在PHP中，多选框的数据就构成了一个数组。因此，在HTML中，多选框的name值要带上中括号“[ ]”，表示这个数据是数组元素。例如：

```
<p>
    爱好：
    爬山<input name="interes[]" type="checkbox" value="pashan"/>
    听歌<input name="interes[]" type="checkbox" value="music"/>
    游戏<input name="interes[]" type="checkbox" value="game"/>
    阅读<input name="interes[]" type="checkbox" value="read"/>
</p>
```

PHP在获取“爱好”的数据时使用$_GET["interest"]（假定表单Method的值为Get）获取的值就是一个数组。可以使用foreach遍历$_GET["interest"]的值，并把它们输出。

3.4.3 if语句

有时候，用户在没有对表单输入内容的情况下就会直接单击“提交”，这时PHP获取不到数据，这对程序来说是很致命的。但是用户是否输入了数据，只能使用“条件语句”if语句对用户输入的内容进行判断。如果获取的表单内容为空，就要提示用户输入信息。

if 语句是很多语言（包括 PHP）中最重要的语句之一，它用来判定所给定的条件是否满足，根据判定的结果（真或假）决定是否执行代码。它的格式如下：

```
<?php
  if (条件表达式){
  语句A
 }
?>
```

如果条件表达式成立（值为布尔值true），则执行语句A。例如，如果 $a 大于 $b，则以下例子将显示 “a is bigger than b”。

```
<?php
 if ($a > $b){
  echo "a is bigger than b";
```

```
    }
?>
```

在do.php中，对表单进行验证，就是对表单内容进行判断，检查是否为空，如果为空就给出提示信息，并终止后面PHP代码的运行。代码如下：

```
<?php
    /*用户名验证（非空）*/
    if( empty($_GET["uname"]) ){
            echo "用户名为空，请重新输入！";
            echo "<a href='javascript:history.back()'>返回</a>";
            die();
        };
?>
```

经常需要在满足某个条件时执行一条语句，而在不满足该条件时执行其他语句，这正是 else 的功能。else 延伸了 if 语句，可以在 if 语句中的表达式的值为 false 时执行语句。代码如下：

```
<?php
    if (条件表达式)
    {
      语句A
}else{
      语句B
    }
?>
```

如果条件表达式成立（值为true），执行语句A；如果不成立（值为false），直接跳过语句A，执行语句B。

例如，以下代码在 $a 大于 $b 时显示 “a is bigger than b”，反之则显示 “a is NOT bigger than b”。

```
<?php
    if ($a > $b) {
        echo "a is bigger than b";
    } else {
        echo "a is NOT bigger than b";
    }
?>
```

3.4.4 if...elseif语句

elseif是 if 和 else 的组合。和else一样，它延伸了 if 语句，可以在原来的 if 表达式值为 false 时执行不同的语句。但是和 else 不同的是，它仅在 elseif 的条件表达式值为 true 时执行语句。代码如下：

```
<?php
    $a = 100 ;
    $b = 200 ;
    if ($a > $b) {
        echo "a is bigger than b";
} elseif ($a == $b) {
        echo "a is equal to b";
} else {
        echo "a is smaller than b";
}
    //输出 "a is smaller than b"
?>
```

在同一个 if 结构中可以有多个 elseif 语句。第一个表达式值为true的 elseif 语句（如果有的话）将会执行。在 PHP中，也可以写成“else if”（两个单词），它和“elseif”（一个单词）的行为完全一样。

在系统开发中，有时候会对同一数据的不同情况进行判断。以前面的表单中密码验证为例。首先判断密码是否为空，如果密码不为空，还要判断密码的长度是否在6到12位之间。代码如下：

```
<?php
    /*密码验证：非空和长度（6~12）*/
    if( empty($_GET["pwd"]) ){
            echo "密码为空，请重新输入！";
            echo "<a href='javascript:history.back()'>返回</a>";
            die();
        }else if( strlen($_GET["pwd"]) <6 || strlen($_GET["pwd"])>12){
            echo "密码长度为6到12位之间";
            echo "<a href='javascript:history.back()'>返回</a>";
            die();
        };
?>
```

3.4.5 empty()判断数据是否为空

顾名思义，empty() 用于判断一个变量是否为“空”。如果为空，返回结果true；如果不为“空”，返回结果false。如果用户没有输入任何内容就直接提交表单，那么PHP获取的表单元素就是“空”值。因此，用if语句对empty()返回的结果进行判断，就可以知道用户是否输入了内容。例如：

```
/*个人介绍验证（非空）*/
    if( empty($_GET["jieshao"]) ){
            echo "个人介绍还没有写呢，请重新填写";
            echo "<a href='javascript:history.back()'>返回</a>";
            die();
        }
```

3.5 知识拓展

3.5.1 二维数组

如果一维数组元素的值是一个数组，那么这个数组就是二维数组。根据数组的复杂度，可以分为一维数组、二维数组和多维数组。例如：

```
//该数组中的每个元素的值又是一个数组，因此它是一个二维数组
$diqu = array
(
    "北京"=>array("通州","海淀","昌平"),
    "重庆"=>array("巴南","沙坪坝","南岸"),
    "四川"=>array("成都" ,"绵阳","资阳")
);
```

3.5.2 过程化语句

过程化语句又称为流程控制语句，用于控制程序执行的顺序。顺序结构、选择结构和循环结构是过程化语句的三种基本结构，也是复杂程序的基本构造单元。

1.顺序结构

顺序结构的程序设计是最简单的，只要按照解决问题的顺序写出相应的语句即可，它的执行顺序是自上而下，依次执行。PHP程序默认的代码执行顺序就是顺序结构。例如：

```
<?php
    echo "abc";
    echo"def";
```

```
  //程序会依次输出 "abcdef"
?>
```

2.选择结构

选择程序结构用于判断给定的条件，根据判断的结果来控制程序的流程。最常用的选择结构就是if语句，以及if…else if语句。例如：

```
<?php
    $a = 100 ;
    $b = 50 ;
   if( $a > $b ){
            echo   "a大于b" ;
    }else if( $a == $b ){
            echo   "a等于b";
    }else{
          echo   "a小于b";
   }
?>
```

另外一种常用的选择结构就是switch语句，它的语法格式如下：

```
switch (①表达式 )
{
     case 值1:
        语句A
        break;
    case 值2:
      语句B;
      break;
    ……
    default:
     语句n
     break;
}
```

Switch语句又名开关语句，与if…elseif不同的是，它是根据表达式①的不同值，而选择相应的执行代码。要注意的是最后必须要有break语句，用于跳出当前执行的语句块。

3.循环结构

循环结构可以减少源程序重复书写的工作量，用来描述重复执行某段算法的问题。常用的循环结构有while语句、do-while语句和for语句。

While语句的格式如下:

```
while (①表达式){
    ②语句
}
```

其执行顺序是,首选判断表达式①是否为真(true),如果为真,执行while循环体内语句块②。

do-while语句和 while语句非常相似,格式如下所示。区别在于do-while语句是首先执行循环体①语句,再去判断表达式②是否为真来决定是否执行下一次循环。通俗地说while语句是先循环,后执行;do-while语句是先执行,后循环。

```
do{
   ① 语句
}while (②表达式)
```

for语句是PHP中最复杂的循环语句,其格式如下:

```
for (①表达式1; ②表达式2; ④表达式3){
   ③语句
}
```

for语句循环的思路是,通过对一个变量初始值的改变次数来达到循环的次数,其执行顺序为:①首先通过表达式1定义初始化变量;②在表达式2中,判定初始化变量是否达到终止条件(终止值),如果条件成立执行③循环体语句,后对表达式1的初始化变量值进行改变;如果条件不成立退出循环。依此类推达到循环的目的。

3.5.3 自定义函数

函数是具有特定功能代码的集合。将一系列语句打包用以完成某一特定功能并为其取一个名字,这个名字就称为函数名。当我们要调用某一功能时,可以直接使用函数名(等同于调用函数当中的语句块)。将一系列语句进行封装的过程称为函数的定义。调用函数功能的过程称为函数的调用。函数一般分为系统函数和用户自定义函数。函数的使用可以提高代码的执行效率和重复使用率。

函数的语法如下:

```
function 函数名([参数1, 参数2….]){
   语句
}
```

例如:

```
<?php
 function welcome(){
```

```
    echo "欢迎光临" ;
  }
  welcome( ); //在页面上输出 "欢迎光临"
  ?>
```

也可以让函数带上参数，使函数的功能多样化。但是，函数参数的作用域只在函数里有效。例如：

```
<?php
  function  welcome( $who ){
  echo $who.", 欢迎光临" ;
}
  welcome("小王");    //在页面上输出 "小王, 欢迎光临"
  welcome("小张");    //在页面上输出 "小张, 欢迎光临"
  echo $who ;    //得不到结果
?>
```

函数也可以使用 return 语句返回一个结果：

```
<?php
   function  jia( $a, $b ){
       return  $a + $b; // 返回参数 $a 与 $b 的和
}
   echo  jia(100,200) ; //得到结果 300
?>
```

温馨提示

函数主要分为带参数的函数和没有参数的函数，有返回值的函数和没有返回值的函数。

注意：

- 参数的传递过程；
- 函数的参数的作用域只在函数里有效；
- 定义函数时的参数只是形参（形式上的参数，起占位的作用）；
- 具有返回值的函数，调用后，其返回值存放在调用的函数名上。

3.6 能力拓展

3.6.1 foreach 输出学生信息二维数组

有一个数组里面包含了几个同学的成绩，如下所示：

```
<?php
   $students = array(
         "小张"=>array("语文"=>90,"数学"=>80,"英语"=>95),
        "小李"=>array("语文"=>92,"数学"=>76,"英语"=>75),
        "小王"=>array("语文"=>60,"数学"=>83,"英语"=>91)
  );
?>
```

现在需要通过程序输出每个同学各个科目的成绩。因为，$students是一个二维数组，所以要进行foreach遍历的嵌套。先遍历学生姓名，在每次遍历学生姓名时，再遍历学生的各科成绩。代码如下：

```
<?php
   $students = array(
              "小张"=>array("语文"=>90,"数学"=>80,"英语"=>95),
              "小李"=>array("语文"=>92,"数学"=>76,"英语"=>75),
              "小王"=>array("语文"=>60,"数学"=>83,"英语"=>91)
           );
     foreach( $students as $s=>$kemu){
              echo $s."的成绩是:";    //输出学生姓名
              foreach( $kemu as $km => $fs){   //遍历每个学生的成绩
                        echo $km.":".$fs." ";   //输出每个学的科目和成绩
                   }
               echo "<br/>";
      }
?>
```

3.6.2 制作分页导航

在网页中，一个板块如果装不下所有的内容，那么就要用到翻页。在翻页时，从第一页开始有“下一页”按钮，但是没有“上一页”按钮，而最后一页没有“下一页”按钮。

单击链接后，要跳转的页面只有通过超链接把参数写在地址后面，PHP通过Get方式去获取页面参数（我们设定它为p）。但是，打开第一页的时候，并没有单击超链接，因此程序一开始要对参数进行判断，看有无页面参数p。代码如下：

```
<?php
    $toalNumber=5; //总的页数
    /*get方式获取参数p的值。看p是否不存在，或者为空，说明这是第一页，刚打开页面。*/
    if( !isset($_GET['p'])||empty($_GET['p']) )
    {
            $page=1;    //此时设定p的为1
    }else
    {
            $page=$_GET['p'];
            // p存在，就让 $page直接存储p的值，也就是当前页码。
    }
?>
当前页:<?PHP echo $page;?><br/>
<?php
    if($page>=1 && $page<$toalNumber )
//如果当前页码在页码范围内，输出"下一页"（不包含最后一页）
    {
?>
        <a href="?p=<?PHP echo $page+1; ?>">下一页</a>
<?php
    }
?>
<?php
  if($page<=$toalNumber && $page>1)
//如果当前页在1到最后页之间，可以有上一页（不包含第一页）
    {
?>
      <a href="?p=<?PHP echo $page-1; ?>">上一页</a>
<?php
    }
?>
```

3.6.3 输出“九九乘法表”

“九九乘法表”的输出是经典的循环嵌套的例子。“九九乘法表”是9行的数据（$i），每行的列数（$j）刚好跟行数一样。而每个公式恰好是“行数*列数”，因此可以推算出“九九乘法表”的程序如下：

```
<?php
  for($i=1;$i<=9;$i++){    //循环9行
      for($j=1;$j<=9;$j++){    //对每行数据进行循环
          if($j<=$i){
                  echo $j."*".$i." = ".$i*$j." "; //输出公式
          }
      }
   echo "<br/>";   //每行输出完毕时，换行
}
?>
```

输出结果如下：

1*1 = 1

1*2 = 2 2*2 = 4

1*3 = 3 2*3 = 6 3*3 = 9

1*4 = 4 2*4 = 8 3*4 = 12 4*4 = 16

1*5 = 5 2*5 = 10 3*5 = 15 4*5 = 20 5*5 = 25

1*6 = 6 2*6 = 12 3*6 = 18 4*6 = 24 5*6 = 30 6*6 = 36

1*7 = 7 2*7 = 14 3*7 = 21 4*7 = 28 5*7 = 35 6*7 = 42 7*7 = 49

1*8 = 8 2*8 = 16 3*8 = 24 4*8 = 32 5*8 = 40 6*8 = 48 7*8 = 56 8*8 = 64

1*9 = 9 2*9 = 18 3*9 = 27 4*9 = 36 5*9 = 45 6*9 = 54 7*9 = 63 8*9 = 72 9*9 = 81

3.6.4 计算圆面积

圆面积的计算公式是“PI*r*r”，其中PI是固定的圆周率，r是圆的半径。这里可以设定圆周率PI为3.14。但是，圆半径 r 的值是变化的。整个圆面积的计算式中，只有 r 不能确定。因此，可以定义一个函数来计算圆的面积，把未知的 r 作为这个函数的参数。代码如下：

```
<?php
  function countArea( $r ){
       return 3.14*$r*$r ;
  }
?>
```

利用这个函数返回的值，可以得到任何一个半径值的圆面积。例如：

```
<?php
    function countArea( $r ){
            return 3.14*$r*$r ;
    }
    echo "半径为3的圆的面积是".countArea(3);
    echo "<br />";
    echo "半径为5的圆的面积是".countArea(5);
?>
```

3.6.5 常用系统函数

1. count()

count()用于计算数组中的单元数目或对象中的属性个数。代码如下：

```
<?php
   $a[0] = 1;
   $a[1] = 3;
   $a[2] = 5;
   $result = count($a);
   // $result == 3
?>
```

2. min()

min()用于返回数组中的最小值。代码如下：

```
<?php
$a[0] = 1;
$a[1] = 3;
$a[2] = 5;
$result = min($a);
// $result == 1
?>
```

3. max()

max()用于返回数组中最大值。代码如下：

```
<?php
$a[0] = 1;
$a[1] = 3;
```

```
$a[2] = 5;
$result = max($a);
// $result == 5
?>
```

4. str_split()

str_split()用于把字符串转换为数组。

语法：array str_split (string $string [, int $split_length = 1])

String：输入字符串。

split_length：每一段的长度。

代码如下：

```
<?php
  $str = "hello";
  $arr1 = str_split($str);
  $arr2 = str_split($str, 3);

  print_r($arr1);    //得到array( "h","e","l","l","o");
  print_r($arr2);   //得到array("hel","lo");
?>
```

5. strlen( )

strlen( )用于获取字符串的长度。代码如下：

```
<?php
   $str = 'abcdef';
   echo strlen($str);    // 6
   $str = ' ab cd ';
   echo strlen($str);    // 7，字符串前后，中间的空格也要各算一个字符
?>
```

学生应当了解系统函数的名称、功能、参数类型及意义和返回值，当需使用某一功能时，如有对应的系统函数，调用相应的系统函数并传递相应的参数即可。

3.7 巩固提高

1.选择题

(1) 下面PHP代码输出的内容是(   )。

```
<?php
```

```
$s = '12345' ;
$s[$s[1]] = '2' ;
echo  $s;
?>
```

A.12345　　B. 12245　　C. 22345　　D.11345　　E.array

(2) 运行下列代码后，数组$array的内容是（　　）。

```
<?php
 $array = array('1','1');
 foreach($array  as  $k =>$v){
 $v = 2 ;
 }
 ?>
```

A. array('2','2')　　B. array('1','1')

C. array(2,2)　　D. array(1,1)

(3) index.php如何访问表单元素email的值？多选（　　）。

```
<form action="index.php" method="get">
      <input type="text" name="email" />
      <input title="submit" value="提交" />
</form>
```

A.$_GET['email']　　B.$_POST['email']

C.$_REQUEST['email']　　D.$_GET['text']

(4) 自定义函数中，返回函数值的关键字是（　　）。

A.returns　　B.close　　C.return　　D.back

(5) do…while 循环语句是（　　）。

A. 先判断条件执再行一次循环　B. 先执行一次循环再判断条件　C. 只循环一次

(6) 读取Post方法传递的表单元素值的方法是（　　）。

A. $_POST["名称"]　　B. $_POST["名称"]

C. $POST["名称"]　　D. $POST["名称"]

(7) 复选框的type属性值是（　　）。

A. checkbox　　B. radio　　C. select　　D. check

(8) 使用（　　）函数可以求得数组的大小。

A. count()　　B. conut()　　C. $_COUNT["名称"]　　D. $_CONUT["名称"]

(9) 以下代码运行结果是（　　）。

```
$A=array("Monday","Tuesday",3=>"Wednesday");
echo $A[2];
```

A.Monday　　B.Tuesday　　C. Wednesday　　D. 没有显示

(10)新建一个数组的函数是(　　)。

A. array　　B. next　　C. count　　D. reset

(11)索引数组的键是________,关联数组的键是________。(　　)

A. 浮点,字符串　　B. 正数,负数　　C. 偶数,字符串

D. 字符串,布尔值　　E. 整型,字符串

(12)哪种方法用来计算数组所有元素的总和最简便?(　　)

A. 用for循环遍历数组　　B. 用foreach循环遍历数组

C. 用array_intersect函数　　D. 用array_sum函　　E. 用array_count_values()

2.解答题

(1)array()函数的作用是什么?

(2)写出创建一个数组变量$add的程序代码,其中有3个值分别为:“中国”“黑龙江”“哈尔滨”。

(3)写出在数组变量$add中添加“江北”“学院路”两个值的程序代码。

(4)写出统计数组变量$add中条数的程序代码。

(5)Get和Post提交表单有何区别?

(6)哪个函数能把数组转化成字符串?

(7)在PHP中,常用的控制结构有哪些?

(8)简要描述索引数组和关联数组各自的创建方式。(可以举例说明)

3.课外练习

(1)公鸡每只3元,母鸡每只5元,小鸡3只1元,一百元钱买一百只鸡。使用PHP编程请求出公鸡、母鸡和小鸡的数目。

(2)自定义用户函数,求出给定3个数中的最大值。

(3)定义一个数组,里面含值a, b, c, d, e, f, 使用foreach 遍历显示数组当中的值。

(4)定义一个数组,里面含值a, b, c, d, e, f, 使用foreach 遍历显示数组当中的键值对。

(5)定义一个函数 swap 用以交换两个数的值。

(6)有一个数组变量$a =array(21,4500,78,99,133,222,1111),要求定义一个函数getMax,用以查找并显示出某个数组中的最大值。

学习情境4 用户管理系统

4.1 任务引入

在现有的互联网应用系统当中，用户管理系统基本上是一个不可缺少的功能模块。通过用户管理系统，实现用户注册、登录，以及设定只有注册用户才能访问的页面。同时，系统管理员可以通过它对整个系统的用户进行管理，如删除或增加用户，修改用户信息等。

4.2 任务分析

4.2.1 任务目标

通过本学习情境的用户注册、用户注销、制作验证码、用户删除、用户信息修改5个用户管理系统中的典型功能模块的学习，学生应达到如下目标：

- 了解验证码的生成；
- 掌握MySQL数据库增、删、改、查的基本步骤和操作方法；
- 掌握session会话的使用；
- 掌握页面的跳转。

4.2.2 设计思路

本学习情境将一个简易企业CMS系统中关于用户管理的功能模块作为一个小系统案例，通过对用户注册、用户注销、制作验证码、用户删除、用户信息修改等功能的学习，让学生掌握数据库的基本操作步骤、方法和session会话的基本使用，初步达到PHP工作应用的基本能力，并在知识拓展和能力拓展中引入工作岗位中实际需面临和处理的一些知识和技术。本学习情境的任务组成：

☆**任务1**：用户注册。
☆**任务2**：用户登录与注销。
☆**任务3**：制作验证码。
☆**任务4**：显示用户列表。
☆**任务5**：删除用户。
☆**任务6**：修改用户信息。

因为本学习情境的内容需要使用到数据库存储技术，所以开始学习之前需作如下准备：

- 安装好MySQL数据库；
- 创建student数据库；
- 创建表t_user，如下所示。

字段名	数据类型	字段说明	备　注
Id	Int(11)	用户id	主键 自动增长
Username	varchar(15)	用户名	不能为空
pwd	varchar(15)	密码	不能为空
sex	varchar(4)	性别	不能为空
Birthday	timestamp	出生日期	自动更新
Fav	varchar(500)	爱好	
Intro	Text	个人简介	

4.3　任务实施

任务1　用户注册

制作用户注册表单页面reg.php和处理用户注册功能页面doreg.php。用户注册的表单信息包括：用户名、密码、性别、出生年月、爱好以及个人简介。当用户填写完以上信息后，单击“注册”按钮，将输入信息交由doreg.php页面进行信息的获取和注册。

（1）制作用户注册页面reg.php，界面如图4.1所示。

用户注册

用户名：

密码：

确定：

性别：男 ◎ 女 ◎

出生年月: 1995 年 1 月 1 日

爱好：□ 看小说 □ 看电影 □ 玩游戏 □ 旅游

个人简介：

注册　取消

图4.1　注册页面

其中，年、月、日的select标签中，有很多option标签，都是连续的数字。因此，可以使用for

语句循环输出option的标签和它的值。代码如下：

```
出生年月：
<select name="year" id="year">
 <?php
   for($i=1995;$i<=2013;$i++)
   {
?>
  <option value="<?php echo  $i; ?>"> <?php echo $i; ?> </option>
 <?php
   }
?>
</select>
 年
```

“爱好”是多项选择，可以有多个数据值。因此，多选框input的name要设置为一个数组的样式。代码如下：

```
<p>爱好：
     <label>
       <input type="checkbox" name="fav[]" value="看小说" id="fav_0" />
       看小说
   </label>
   <label>
       <input type="checkbox" name="fav[]" value="看电影" />
       看电影
   </label>
   <label>
       <input type="checkbox" name="fav[]" value="玩游戏" />
       玩游戏
   </label>
   <label>
       <input type="checkbox" name="fav[]" value="旅游" />
       旅游
     </label>
 </p>
```

（2）编写获取用户注册信息代码doreg.php。

要把用户数据插入数据库中，首先要获取用户输入的数据。因为，在注册的表单代码中用的是Post方式，可以使用$_POST来获取各个数据。

```
<?php
 $user =$_POST['user'];
    $pwd=$_POST['password'];
    $repwd=$_POST['repwd'];
    $sex=$_POST['sex'];
    $date =$_POST['year'].'-'.$_POST['month'].'-'.$_POST['date'];
    $fav=implode("/",$_POST['fav']);
//把数组用斜杠(/)链接成为一个字符串，便与存储
    $intro=$_POST['intro'];
?>
```

需要注意的是，“爱好”数据的个数，$_POST['fav']得到的是一个数组。为了方便存储，这里使用了implode()函数，把这个数据变成了字符串，保存在变量$fav里面。

（3）将数据保存在数据库里doreg.php。

要对数据库做任何操作之前都要先连接到数据库。代码如下：

```
<?php
……
    $link = mysql_connect("localhost","root","123456");
   mysql_select_db("study",$link);
   mysql_query("set names utf8");
/*设置数据编码格式为utf-8，这么做是为了防止数据出现乱码
  这里对编码的设置要对跟数据库编码设置一致。
*/
?>
```

插入用户数据，成功注册了一个用户，对数据库的t_user表来说，就是多了一条记录。因此，注册成功的用户信息需要通过PHP插入t_user表中（注意：在实际的用户注册案例中，往往需要对新注册的用户名进行验证，不允许有相同的用户名）。表中id列的数据是自动增长的，因此不需要人为添加数据。插入数据的SQL语句如下：

```
$sql ="insert into t_user(username,pwd,sex,birthday,fav,intro)
values('$user','$pwd','$sex','$date','$fav','$intro')";
```

如果用户所填的数据符合要求，则可以把这些数据插入数据库中，并且跳转到用户登录页面login.php。（注意：对用户数据的表单验证，在项目中多是用JS来做判断，同学们尝试着自行完成。）

如果用户所填的数据不符合要求，则页面就要在3 s内自动跳转到注册页面reg.php，需要用户重新填写信息注册。代码如下：

```
……
if($pwd==$repwd)
    {
        mysql_query($sql) or die(mysql_error());
            $rs =mysql_affected_rows();   //插入的数据条数
            if($rs>0)
        {
                header("location:login.php");   //插入成功，跳转到登录页
            exit;
}
            else
            {
                header("location:reg.php");   //插入不成功，跳转到用户注册页
            exit;
}
    }
    else
    {
?>
<meta http-equiv="refresh" content="3;url=reg.php"/>
两次输入的密码不一致，<span id='num' style="color:#F00;">3</span>称后自动跳转
<script type="text/javascript">
        var n =document.getElementById("num");
        function subN()
        {
                var num =parseInt(n.innerHTML);
                num--;
                n.innerHTML=num;
            }
            setInterval(function(){subN();},1000);
</script>
<?php
    }
?>
```

任务2 用户登录与注销

用户注册成功后，可以使用注册时填写的用户名和密码进行登录。凡是注册成功的用户，在数据表t_user中都会有记录。因此，用户登录其实就是查询校验用户提交的用户名和密码在否与用户信息表中的数据一致。用户登录流程是用户在登录表单中，填写登录信息，单击“登录”按钮后，doLogin.php页面获取用户提交信息，并到t_user表中去查询，检查是否存在该用户，并比较用户输入的密码和注册时的密码是否一致。如果一致，说明用户合法，登录成功，否则用户登录失败。如果存在该用户，且密码一致，允许登录并跳转到用户列表页面userLIst.php；如果用户名或密码错误，就跳转到login.php，让用户重新登录。

（1）制作用户登录界面，界面如图4.2所示。

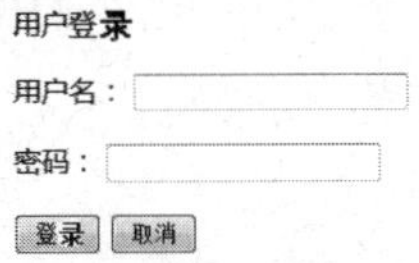

用户登录

用户名：

密码：

登录 取消

图4.2 用户登录界面

参考代码如下：

```
<p>用户登录</p>
<form id="form1" name="form1" method="post" action="doLogin.php">
    <p>用户名：
     <input type="text" name="user" id="user" />
 </p>
 <p>密码：
     <input type="password" name="pwd" id="pwd"/>
 </p>
 <p>
     <input type="submit" name=" denglu " id="denglu" value="登录" />
     <input type="reset" name=" quxiao " id="quxiao" value="取消" />
    </p>
</form>
```

（2）制作数据库连接共用页面conn.php和基本函数文件functions.php。

在登录界面中，会再次用到数据库操作。在系统开发中，很多页面都会用到数据库操作。为了利于维护代码，常把数据库连接的代码放到一个共用文件中，如：conn.php的文件中，名字可以任意写。当需使用其中的代码时，只需要通过相应的函数将包含代码的文件引入即可。代码如下：

```
<?php
……
```

```
    $link = mysql_connect("localhost","root","123456");
    mysql_select_db("study",$link);
    mysql_query("set names utf8");
/*设置数据编码格式为utf-8，这么做是为了防止数据出现乱码
  这里对编码的设置要对跟数据库编码设置一致。
*/
    ?>
```

在主页面中，可以通过require_once()函数，把conn.php引入页面中。这样，就相当于conn.php的代码写在了主页面中。

functions.php则包含了系统中常用的一些自定义公用函数。为了方便实现页面跳转，编写了这个简单的函数，把跳转代码封装起来。代码如下：

```
<?php
    /*存放共用函数库*/
    function jump($msg,$url,$status=1)
    {
        $str="green";
        if($status==0)
        {
            $str="red";
        }
    echo "<p style='color:".$str."'>".$msg."!</p>";
    echo "<meta http-equiv='refresh' content='3;url=".$url."'/>";
?>
<span id="num">3</span>秒后自动跳转，如未请<a href="<?php echo $url;?>">点击</a>
<script type="text/javascript">
        var n =document.getElementById("num");
        function subN()
        {
            var num =parseInt(n.innerHTML);
            num--;
            n.innerHTML=num;
        }
        setInterval(function(){subN();},1000);
</script>
<?php
```

```
}
?>
```

为了方便管理这些公用文件，现将conn.php和functions.php放进了common文件夹中。

（3）制作处理用户登录页面doLogin.php。

引入数据库连接页面conn.php和基本函数文件functions.php：

```
<?php
require_once("common/conn.php");
require_once("common/functions.php");
?>
```

获取用户输入的用户名和密码，将获取的用户名和密码拼凑成一个用户记录查询SQL语句，使用MySQL 的SQL命令执行函数到t_user表中进行查找，如果能找到符合要求的数据，则让用户登录成功。否则，登录失败，跳转到login.php页面，让用户再次登录。代码如下：

```
<?php
require_once("common/conn.php");
require_once("common/functions.php");

//①获取用户登录所需信息
    $user = $_POST['user']; //获取用户输入的用户名
    $pwd = $_POST['pwd'];  //获取用户输入的密码
//②在t_user表中查找该用户是否存在
    $sql = "SELECT * FROM t_user WHERE username='$user' and pwd='$pwd'";
    $rs = mysql_query($sql); //保存查找的结果
    if(mysql_num_rows($rs)){//如果存在该用户
        jump("登录成功","userList.php");
        exit;
    }else{//用户名或密码错误
        jump("用户名或密码错误","login.php",0);
        exit;
    }
?>
```

（4）在登录后的页面userList.php中显示用户欢迎信息。

用户登录成功，将会跳转到用户列表UerList.php页面。在这个页面上要显示出登录用户的欢迎信息，如"小王，欢迎您登录！"。那么，就需要把登录页面login.php的用户信息保留到uerList.php页面中。

要让数据能够跨页保存，PHP提供了session会话机制。session 变量用于存储有关用户会话的信息，或更改用户会话的设置。session 变量保存的信息是单一用户的，并且可供应用程序中的所有页面使用。

要使用session，需要在页面的最开始添加代码：

```
session_start();
```

session_start()必须在<html>标签之前。

要让userList.php显示登录的用户欢迎信息。那么就要在用户登录成功后，把用户名保存在session变量中；在userList.php中，再取出session变量，输出欢迎信息。修改doLogin.php代码如下：

```
<?php
    session_start(); //启动session
require_once("common/conn.php");
require_once("common/functions.php");
……
if(mysql_num_rows($rs)){//如果存在该用户
        $_SESSION['user']=$user; //保存用户名在session变量中
        jump("登录成功","userList.php");
        exit;
  }else{//用户名或密码错误
      …….
  }
?>
```

userList.php 显示欢迎用户信息代码如下：

```
<?php
  session_start();
  echo $_SESSION['user'].', 欢迎光临! ';
?>
```

（5）限定用户访问页面。

如果用户没有注册，某些页面是不能被访问的，如userList.php。因此，显示登录后才能访问的页面，需要判断用户是否已经登录，即是判断$_SESSION['user']变量是否有值，或者$_SESSION['user']是否已经定义。修改userList.php主要代码如下：

```
<?php
  session_start();
?>
……
<?php
```

```
    require_once("functions.php");
    //检测用户是否登录
    if(!$_SESSION['user']||!isset($_SESSION['user']))
    { //如果未登录，就跳转到登录界面
        jump("请先登录","login.php",0);
        exit();
    }
echo $_SESSION['user'].', 欢迎光临! ';
?>
```

(6) 注销用户登录。

用户登录之后，也可以注销登录。注销用户登录，即清除掉session的相关信息。单击userList.php页面上的“注销”按钮，即可进入loginOut.php页面，实现页面的注销。loginOut.php代码如下：

```
<?php
    session_start();
    if(isset($_SESSION['user'])){
            //要清除会话变量，将$_SESSION超级全局变量设置为一个空数组
            $_SESSION = array();
    }
  //使用内置session_destroy()函数调用撤销会话
  session_destroy();
    //跳转到login.php页面
    header("location:login.php");
?>
```

任务3 制作登录验证码

验证码是保证系统安全的一种常用技术手段，可以防止机器注册或者登录，也可以在发帖的时候，防止恶意刷贴等。验证码，其实就是随机的字符图片。用户输入与图片上相符的字符，就可以通过验证码。否则，验证码就不能通过。

(1) 在login.php上创建验证码结构。

验证码是由code.php动态生成的一张图片。因此，login.php验证码的结构如下：

```
……
<p>验证码:
 <input type="text" name="code" id="code"/>
    <img src="code.php"/>
```

```
</p>
<p>
    <input type="submit" name="denglu" id="denglu" value="登录" />
    <a href="reg.php">注册</a>
</p>
……
```

（2）在code.php创建随机字符数组。

验证码是随机生成的。因此，为了方便生成随机数据，包括字母和数字，在code.php创建一个数字，其元素就是字母和数字。代码如下：

```
session_start();
    $str = ''; //创建空白字符串
    //创建随机字符串
    $a=array(0,1,2,3,4,5,6,7,8,9,'a','b','c','d','e','f','g','h','i');//存放随机字符
    $str =""; //随机字符串
    $len = count($a) ; //数组长度
    for($i = 1; $i<=4 ; $i++){
            $str.=$a[rand(0,$len-1)];
        }
```

（3）在code.php中把随机数写进session。代码如下：

```
$_SESSION['code'] = $str ;
```

（4）在code.php中生成验证码图片。代码如下：

```
header("content-type:image/jpeg");
//设置生成文件的类型为jpg
$im = imagecreatetruecolor(80,25);
//创建100宽，25高的真彩色图片，默认为黑色底
$text_color = imagecolorallocate($im,255,255,255);
//准备给图像$im使用的颜色，白色。
imagestring($im,5,10,5,$str,$text_color);
//用白色，从图片（10，5）的位置开始写入字符串
imagejpeg($im); //创建jpg图像
```

（5）在doLogin.php中对验证码进行检测。代码如下：

```
……
//①获用户登录所需信息
$user = $_POST['user']; //获取用户输入的用户名
$pwd = $_POST['pwd'];     //获取用户输入的密码
```

```
    $code = $_POST['code'];    //获取用户输入的验证码
    // ②比较验证码输入是否正确
    if($code != $_SESSION['code']){
        jump("验证码输入不正确，请重新输入","userList.PHP",0);
        exit;
    }
……
```

任务4 显示用户列表

用户登录成功后，可以进入用户列表页，在列表页里面会显示出已经注册的各个用户的用户名、性别、爱好和个人介绍等信息，同时可以对用户进行删除和修改信息操作。

（1）引入共用文件conn.php。代码如下：

```
<?php
    require_once("./conn.php");    //引入数据库连接共用文件
?>
```

（2）查询数据库t_user中所有的用户信息。代码如下：

```
<?php
$sql = 'SELECT * FROM t_user';    //查询sql 命令
    $rs = mysql_query($sql);
?>
```

（3）显示用户信息。

因为查询的结果$rs是结果集，它有很多用户信息，要通过循环输出，才能把信息一一列示出来。关键部分代码如下：

```
<?php
        while($row = mysql_fetch_array($rs)){ // 结果数组
    ?>
            <tr>
            <td width="37"><?php echo $row['id']?></td>
            <td width="61"><?php echo $row['username']?></td>
            <td width="61"><?php echo $row['pwd']?></td>
            <td width="75"><?php echo $row['sex']?></td>
            <td width="85"><?php echo $row['birthday']?></td>
            <td width="77"><?php echo $row['fav']?></td>
            <td width="200"><?php echo $row['intro']?></td>
```

```
            <td width="89"><a href="#">删除</a></td>
    </tr>
  <?php
            }
            mysql_free_result($rs);
    ?>
```

这样可以罗列出数据库中所有的用户信息。

（4）分页显示用户信息。

如果用户太多，在一个页面中显示不全，就要用到分页技术。一般来说都是从第1页开始显示，并且需要知道共有多少条记录，每页要显示多少记录。修改userList.php关键代码如下：

```
<?php
    require_once("common/conn.php");   //引入数据库连接共用文件
    $sql = 'SELECT count(*) FROM t_user';    //查询sql 命令
    $rs = mysql_query($sql);

    //总页数
    $pagesize=2;   //每页显示多少条记录
    $row =mysql_fetch_array($rs,2);    // 查询记录
    $totalnumber=$row[0];   //记录条数
    $totalpage=ceil($totalnumber/$pagesize);

    /*查询出当前页的数据*/
    if(!$_GET['page']||!isset($_GET['page']))
    {
        $page=1;    //默认从第一页开始
    }
    else
    {
        $page=$_GET['page'];   //通过get方法传参页数
    }

    $jump =($page-1)*$pagesize;
    $sql ="SELECT * FROM t_user ORDER BY id  LIMIT $jump,$pagesize ";
    $rs = mysql_query($sql);   //具体内容的查询结果
?>
```

制作翻页结构：

```
 <!--翻页-->
 <p>
      <a href="#">首页</a>
      <a href="#">上一页</a>
      <a href="#">1</a>
      <a href="#">2</a>
      <a href="#">下一页</a>
      <a href="#">尾页</a>
</p>
<!--翻页 结束-->
```

添加PHP代码到翻页：

```
   <!--翻页-->
    <p>
        <?php
         echo $page."/".$totalpage;
        ?>
         
        <a href="userList.php?page=1">首页</a>
         
        <a href="userList.php?page=<?php echo $page-1>1?$page-1:1; ?>">上一页</a>
    <?php
            for($i=1;$i<=$totalpage; $i++){
                    if($i==$page){
                            echo '<span>'.$i.'</span>';
                    }else{
                            echo '<a href="userList.php?page='.$i.'">'.$i.'</a>';
                    }
                    echo " ";
            }
    ?>
     
```

```
        <a href="userList.php?page=<?php echo $page+1>$totalpage?$totalpage:$page+1; ?>">下一
页</a>
         
        <a href="userList.php?page=<?php echo $totalpage;?>">尾页</a>
    </p>
    <!--翻页 结束-->
```

任务5 删除用户

删除用户就是把用户信息从t_user表中删除。在单击“删除”按钮前，程序必须知道要删除的是哪个用户。一般通过Get方将数据记录的唯一标志（主键）的值传参到delUser.php，让程序删除指定用户。

（1）修改userList.php用户列表中的“删除”链接代码。代码如下：

```
<tr>
<td width="37"><?php echo $row['id']?></td>
<td width="61"><?php echo $row['username']?></td>
<td width="61"><?php echo $row['pwd']?></td>
<td width="75"><?php echo $row['sex']?></td>
<td width="85"><?php echo $row['birthday']?></td>
<td width="77"><?php echo $row['fav']?></td>
<td width="200"><?php echo $row['intro']?></td>
<td width="89">
<a href="<?php echo "delUser.php?id=".$row['id'];?>">删除</a>
</td>
</tr>
```

（2）delUser.php获取要删除的用户id。

delUser.php首先需要获取需删除的用户id，然后再对用户信息进行删除。删除成功，返回到用户列表页，删除不成功，给出一个提示信息后，再返回到用户列表页。代码如下：

```
//如果用户id没能获取到，就跳出程序，返回用户列表
    if(!isset($_GET['id'])||!$_GET['id']){
            jump("找不到要删除的对象","userList.php",0);
            exit;
            }
    $userid = $_GET['id'];
```

（3）delUser.php删除的用户操作。代码如下：

```
$sql = "DELETE FROM t_user WHERE id='$userid'";
    mysql_query($sql);

    if(mysql_affected_rows()){//如果删除成功
                jump("删除成功! 返回用户列表页","userList.php");
            exit;
        }else{//如果删除失败
                jump("删除失败! ","userList.php");
            exit;
        }
```

任务6 修改用户信息

作为一个系统的超级管理员，除了能删除普通用户信息，还要能修改用户信息。这就需要在用户列表里增加“修改”操作。单击“修改”按钮后，就进入EditUser.php界面。EditUser.php界面与注册界面基本一样，不同的是，里面的信息都是用户注册时填写好的，现在是要做修改。

（1）修改userList.php页面操作部分，增加“修改”。代码如下：

```
……
<td width="89">
    <a href="<?php echo "delUser.php?id=".$row['id'];?>">删除</a>
    <a href="<?php echo "editUser.php?id=".$row['id'];?>">修改</a>
</td>
……
```

（2）editUser.php获取指定用户id。

通过Get获取用户指定的id，同时还要引入公用的数据库链接和函数文件。代码如下：

```
<?php
    require_once("common/conn.php");
    require_once("common/functions.php");

    if(!$_GET['id'] || !isset($_GET['id'])){
            jump("未能找到修改对象","userList.php",0);
            exit;
    }
    $userid = $_GET['id'];
```

```
?>
```

（3）根据用户id查找对应用户的信息。代码如下：

```
<?php
$sql = "SELECT * FROM t_user WHERE id='$userid'";
$rs = mysql_query($sql);   //查找结果集
$row = mysql_fetch_array($rs,1);   //结果数组
?>
```

（4）把用户信息显示在相应位置。

以用户名为例：

```
<p>
    <label for="">用户名：</label>
    <input type="text" name="user" id="username"
value="<?php echo $row['username']; ?>" />
 </p>
```

性别需要判断，符合性别的单选项就要添加checked属性。代码如下：

```
<p>性别：
<label>
男
<input type="radio" name="sex" id="sex" value="男"
<?php if($row['sex']=='男'){ echo 'checked="checked"';}?> />
  </label>
<label>
    女
    <input type="radio" name="sex" id="sex2" value="女"
<?php if($row['sex']=='女'){ echo 'checked="checked"';}?>/>
  </label>
</p>
```

出身年月也要判断，符合年月日单选项就要添加selected属性。代码如下：

```
<select name="year" id="year">
<?php
        for($i=1950;$i<=2013;$i++)
        {
    ?>
<option value="<?php echo $i; ?>"
<?php if($i==intval($birth[0],10)){echo 'selected="selected"';}?>>
```

```
<?php echo $i; ?>
 </option>
 <?php
         }
    ?>
 </select>
```

（5）修改用户信息doedit.php。

在userList.php中，要使用隐藏域把用户的id传参到doeidt.php。代码如下：

```
<form id="form1" name="form1" method="post" action="doEdit.php">
 <input type="hidden"  name="id"  value="<?php  echo $row['id'];?>"/>
 ……
</form>
```

在doedit.php中，获取各个数据：

```
$id=$_POST['id'];
$user=$_POST['user'];
$pwd=$_POST['password'];
$year=$_POST['year'];
$month=$_POST['month'];
$date=$_POST['date'];
$birth = $year.'-'.$month.'-'.$date;


$sex=$_POST['sex'];
    $intro=$_POST['intro'];
```

在doedit.php中，修改数据：

```
     $sql="UPDATE t_user SET username='$user',pwd='$pwd',
     sex='$sex',birthday='$birth',intro='$intro' WHERE id='$id'";

    mysql_query($sql);
    if(mysql_affected_rows()!=-1)
    {
            jump("修改成功~！","userList.php");
            exit;
    }else{
            jump("修改失败~！","userList.php");
```

```
        exit;
    }
```

4.4 任务小结

本学习情境通过一个简单用户管理系统的开发，让学生基本掌握PHP对MySQL数据库增、删、改、查的基本操作；还讲解了如何使用session会话保存用户信息，并用到了PHP开发中常用的两种页面跳转方式；在显示用户列表中还涉及到了分页查询技术。下面对本学习情境中所使用到的知识和技能做一个总结。

4.4.1 PHP操作MySQL数据库

应用程序操作数据库的过程是通过相应的数据库通用连接(ODBC)或专门连接协议（有时也接口），建立起与数据库管理系统的连接，应用程序将处理操作的命令在“连接”通道以某种方式发送到数据库管理系统，执行后接收SQL执行结果。PHP操作数据库的工作流程如图4.3所示。

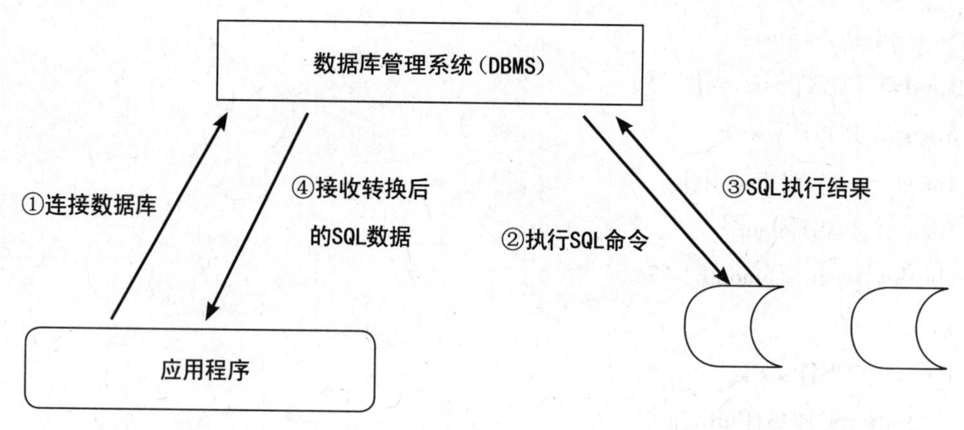

图4.3　应用程序操作数据库的工作流程

1. mysql_connect连接数据库

代码如下：

mysql_connect(server,user,pwd)

server：可选。规定要连接的服务器，可以包括端口号。可以是IP地址，也可以是域名。如果是本地，一般是” localhost”。

user：服务器进程所有者的用户名。

pwd：密码。默认值是空密码。

如果数据库连接成功，则返回一个 MySQL 连接标识，失败则返回 false。因此，把mysql_connect()返回的值赋给一个变量，通过这个变量来判断链接是否成功。例如：

```
<?php
```

```
$con = mysql_connect("localhost","mysql_user","mysql_pwd");
if (!$con)
  {
   die( "链接失败" );
  }
// 一些代码...
?>
```

脚本运行结束，到服务器的连接就自动关闭。可使用var_dump进行测试，失败返回false。

2. mysql_select_db选择要操作的数据库

使用mysql_select_db函数选择要操作的数据库，成功返回true，失败返回false。如果连接失败，想查看数据库操作错误信息，可以使用mysql_eorro() 获取数据库错误信息。如：die(mysql_error()); 输出MySQL 错误信息并终止。代码如下：

mysql_select_db(database,connection)

database：必需。规定要选择的数据库。

connection：可选。规定 mysql 连接。如果未指定，则使用上一个连接。

如果成功：则该函数返回 true；如果失败，则返回 false。

一般情况下：mysql_select_db()和mysql_connect()要配合使用。因为，连接到数据库服务器后，就要对数据库进行选择操作。代码如下：

```
<?php
$con = mysql_connect("localhost", "hello", "321");
if (!$con)
  {
   die( "链接失败" );
  }

$db_selected = mysql_select_db("test_db", $con);
if (!$db_selected)
  {
 die ( "不能使用数据库" );
  }

mysql_close($con);//关闭数据库连接
?>
```

3. mysql_query发送msyql 命令

使用mysql_query发送SQL命令，执行失败返回false；执行成功根据SQL命令的类型返回不同的数据。一般将SQL命令分为两类:一类是不会影响数库表中记录的命令，如select查询命令，这类命令执行成功返回result reource资源类型；另一类是会影响数据库表中记录的命令，如insert、update、delete，这类命令执行成功返回的是影响记录的条数。代码如下：

mysql_query(query,connection)

query：必需。规定要发送的 SQL 查询。注释：查询字符串不应以分号结束。

connection：可选。规定 SQL 连接标志符。如果未规定，则使用上一个打开的链接。

例如：

```
<?php
$con = mysql_connect("localhost","mysql_user","mysql_pwd");
if (!$con)
  {
  die('不能连接到数据库' );
  }

  $sql = "SELECT * FROM Person";
  mysql_query($sql,$con);
  // 一些代码
  mysql_close($con);//关闭数据库连接
?>
```

4.结果处理

（1）对表中数据会产生影响的SQL命令，如insert update delete 等，使用Mysql_affected_rows函数获取受影响记录数，通过返回记录数来判断操作是否成功，代码如下：

int mysql_affected_rows ([resource link_identifier])

取得一次与 link_identifier 关联的 insert，update 或 delete查询所影响的记录行数；如果最近一次操作是没有任何条件（where）的delete操作，在表中所有的记录都会被删除，但该函数返回值为 0；如果最近一次查询失败的话，函数返回 -1。

（2）对表中数据不会产生影响的SQL命令，返回result 资源，可以使用Mysql_fetch_array(result resource，type)将结果资源中的一条数据转化成一个数组。代码如下：

mysql_fetch_array(data,array_type)

date：可选。规定要使用的数据指针。该数据指针是 mysql_query() 函数产生的结果。

array_type：可选。规定返回哪种结果。可能的值：

• MYSQL_ASSOC或1-关联数组。

• MYSQL_NUM或2-数字数组。

• MYSQL_BOTH或3-默认。同时产生关联和数字数组。

温馨提示

(1)如果有数据返回数组，没有数据返回false.

(2)第一次是指向数据表表头，当使用mysql_fetch_array，向下移动一行，有记录返回数组，没有返回false.

(3)对于不能影响表中数据记录的SQL命令，执行成功并不一定就有数据，有时为了查看查询出的记录数，可以使用mysql_num_row()获取查询出的记录数。mysql_num_rows(data) 函数返回结果集中行的数目。如果没有符合查找条件的数据，mysql_num_rows(data) 函数返回结果就是0。参数data来自结果集，该结果集从mysql_query() 的调用中得到。例如：

```
<?php
$sql = "SELECT * FROM Person";
$rs = mysql_query($sql,$con);
echo、mysql_num_rows($rs);、//得到查找结果的行数
?>
```

4.4.2 PHP 会话技术

HTTP是无状态协议，即用户请求的页面响应后会立刻断开与网站的连接，当用户请求一个页面后再请求同一网站的另一个页面时，HTTP无法告之这两次请求来源于同一用户。但在实际的运用中，有时需要知道前一次访问的相关信息。如记住登录成功的用户名、用户浏览商品记录等。PHP为了解决HTTP无状态协议的不足，建立了会话技术。PHP会话技术主要有session和cookie两种机制。PHP会话是通过唯一的会话ID来驱动的，会话的ID是一个加密的随机字数字。它是由PHP生成，在会话的生命周期中都会保存在客户端。

1.session会话技术

session会话技术是一种服务器端的会话技术，即它将要保存的数据存放在Web服务器的主机上，默认情况下， session保存方式是以读写文件的方式保存在系统盘的临时文件夹下，文件名以“sess_”为前缀，后跟session id，如：sess_c72665af28a8b14c0fe11afe3b59b51b。这个session id在服务器上是唯一的，这样服务器才能区分各个用户。这个文件中的数据即是序列化之后的 session数据。当用户访问网页时，服务器根据客户端提供的会话ID在服务器端进行查询。其工作原理图如图4.4所示。

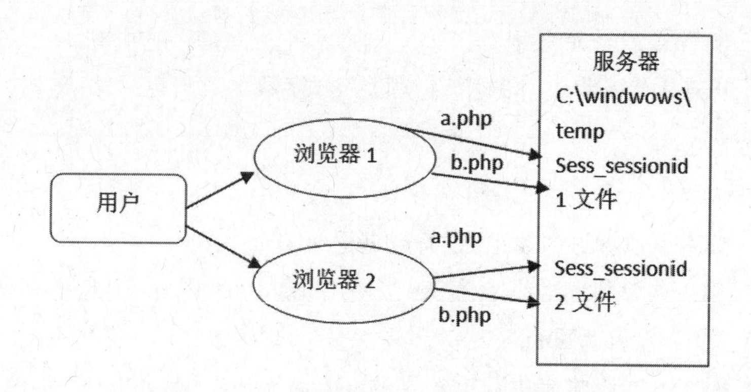

图4.4 session会话技术的工作原理

从图4.4可知，session 会话技术的生命周期是从打开一个浏览器直至浏览器关闭，在整个生命周期内，session 保存的会话变量都可被访问和使用。关于session的使用主要有如下几个步骤：启动会话→注册会话→使用会话→删除会话。

（1）启动会话

使用session_start()函数启动会话。格式：session_start()。

温馨提示

• 使用session_start()函数的浏览器不能有任何的输出，否则会产生cannot send session cookie-headers already send by xxx的错误。

• 通常为保证使用session时没有任何输出，将session_start()函数放在页面开始位置调用，如果觉得不便，也可以打开php.ini配置文件，将output_buffering设为On。

（2）注册会话

会话启动后，所有的会话变量都被保存在全局数组$_SESSION中。所以要创建或修改一个会话变量时，只需使用$_SESSION数组添加或修改一个数据即可。例如：

```
<?php
   session_start();
   $_SESSION['varname']=1; //存储SESSION变量
   $_SESSION['varname']=" hello word";//修改SESSION变量
?>
```

（3）使用会话

在使用会话变量时，要确保已经开启了session会话，或者将php.ini中的session.auto_start开启，即将其值设为1。确认后，对于session变量的使用就要以按照使用数组的方式进行访问。

(4) 删除会话

要删除会话变量，也要确保已经开启了session会话，或者将php.ini中的session.auto_start开启，即将其值设为1。删除会话方式较为灵活，主要分为3种：删除某一会话，删除所有会话、让会话变量自动失效。

• 删除某一会话

删除某一会话变量如果数组操作一样，直接注销$_SESSION数组中的某个元素即可。例如注销$_SESSION["user"]变量，可以使用unset函数。例如：

Unset($_SESSION["user"]);

• 删除所有会话

想要删除所有会话，即可以将全局数组$_SESSION置空，也可以使用session_unset和session_destroy函数。

温馨提示

• 将$_SESSION置空只需$_SESSION=array()即可。

• session_unset函数会销毁所有session变量（内容）而不会删除文件，即会清空所有的session数据，但不会销毁会话。

• session_destroy函数会销毁所有session并删除session 文件，即会清空会话中的所有资源，彻底销毁session。

• 让session会话自动失效

让session会话自动失效有两种方式，一是关闭浏览器；二是一直不操作浏览器，直到超过session 配置session.gc_maxlifetime的发呆时间。

2 . cookie会 技术

cookie 是一种基于客户保存会话变量的会话机制，它是一种在远程客户端存储数据并以此来跟踪和识别用户的机制。当用户第一次访问某同时使用cookie时，所访问网站的服务器会将cookie数据默认以文件的形式写入客户端的临时文件夹下，当用户再次访问时，如需读取cookie，服务器会将保存在客户端上的cookie数据读取出来，从而迅速地作出响应。cookie 文件格式：数据@网站网址[数字].txt。

(1) 创建cookie

在PHP中是通过setcookie ( ) 函数创建cookie。在创建cookie之前，必须了解cookie是HTTP头标题的组成部分，而头标题必须在页面其他内容之前发最先发送，即在使用setccookie ( ) 函数之前，不能有任务的内容输出。

格式：setcookie(name,value,expire,path,domain,secure)

setcookie()函数参数说明见表4.1：

表4.1　setcookie ()函数参数说明

参　数	描　述
name	必需，规定cookie变量的名称
value	必需，规定cookie变量的值
Expire	可选，规定cookie有效期
Path	可选，规定cookie服务器的路径
domain	可选，规定cookie的域名
secure	可选，规定是否通过安全的HTTPS连接来传输cookie

温馨提示

• 在使用setcookie时，如无Expire参数，那么cookie 的生命周期同session一样，即打开浏览器直至浏览器关闭。如设定Expire参数，其有效期是以秒计算，并从当前时间的基础之上增加cookie 的有效期。一般使用time()+秒数来设置有效时间，如设置cookie的有效时间为1小时。setcookie("user" ," lyovercome", time()+36 000)，即使用户重新启动了计算机，只要时间没过期，浏览器都能访问cookie记住的数据。

• 使用cookie 时，会在客户端机器上创建cookie文件，windows XP操作系统的cookie文件存放在 C:\Documents and Settings\用户\cookies下，但windows 7以上的系统，cookie文件存放在C:\Users\用户 \AppData\Roaming\Microsoft\Windows\Cookies。

(2) 读取cookie变量

使用setcookie保存的cookie变量都存放在全局数组$_COOKIE中，所以要读取cookie值，只需向操作数组一样操作$_COOKIE即可。

(3) 删除cookie

当cookie被创建后，如果没有设置过期时间，相应的cookie会在关闭浏览器后自动失效，如果设置有效时间，可使用unset ( ) 和setcookie函数清除cookie ，也可以使用浏览器手动删除cookie文件。

4.4.3　MySQL简单的SQL语句

1. 插入数据 INSERT INTO

INSERT INTO语句用于往数据库中插入数据。格式如下：

INSERT INTO table_name (列1, 列2,...)、VALUES (值1, 值2,...)

Table_name是数据表的名称。要给哪些列插入数据，需要在其后面的括号中指定。而插入的数据值和列要一一对应。

一般SQL语句不分大小写。但是在执行的时候，SQL语句都要转换为大写后再执行。因此，为了节省转换事件。推荐使用大写字母。同时，大写在直观上也便于与一般数据代码区别。例如：

```
INSERT INTO Persons (LastName, Address) VALUES ('Wilson', 'Champs-Elysees')
```

2.查找数据SELECT

SELECT 语句用于从数据库中选取数据。格式如下：

```
SELECT column_name(s) FROM table_name
```

从表table_name中，选择数据。例如：

```
<?php
$con = mysql_connect("localhost", "hello", "321");
if (!$con)
  {
  die('Could not connect: ' . mysql_error());
  }
$db_selected = mysql_select_db("test_db",$con);
$sql = "SELECT * FROME  Person  WHERE  Age=18";
$result = mysql_query($sql,$con);
print_r(mysql_fetch_array($result));
mysql_close($con);
?>
```

SELECT后的“*”表示所有数据。

WHERE后面跟的是选择的调剂。

以上代码的含义是：从表Person中，选择所有年龄（age）为“18”的人的全部数据。

3. 查找数据SELECT的LIMIT子句

SELECT的LIMIT子句可以被用来限制SELECT语句返回的行数。LIMIT取1个或2个数字参数，如果给定2个参数，第一个指定要返回的第一行的偏移量，第二个指定返回行的最大数目。初始行的偏移量是0(不是1)。例如：

```
mysql> select * from table LIMIT 5,10; # 得到 rows 6-15
```

如果给定一个参数，它指出返回行的最大数目。例如：

```
mysql> select * from table LIMIT 5;  #得到first 5 rows
```

换句话说，LIMIT n等价于LIMIT 0,n。

4. 删除语句 DELETE

DELETE 语句用于删除表中的行。格式如下：

DELETE、FROM 表名称 WHERE 列名称 = 值

例如:

DELETE FROM Person WHERE LastName = 'Wilson'

上述语句表示从表Person中删除了LastName为Wilson的行。

也可以使用DELETE语句删除表中的所有数据。例如:

DELETE FROM table_name或DELETE * FROM table_name

5. 修改语句 UPDATE

Update 语句用于修改表中的数据。格式如下:

UPDATE 表名称 SET 列名称 = 新值 WHERE 列名称 = 某值

例如:我们为 lastname 是 "小李" 的人添加 age:

UPDATE Person SET age='18' WHERE name = '小李'

若更新某一行中的若干列,多个列之间,用逗号隔开。例如:

UPDATE Person SET Address = 'Zhongshan 23', City = 'Nanjing'
WHERE LastName = 'Wilson'

4.4.4 分页查询

在一个实际应用系统中进行数据查询时,如果数据较多,往往需要分页展示,分页技术主要采用两种方式:一种是程序分页(假分页)方式,即一次性将所有的数据全部查询出来,过滤掉多余的数据,这种方式会增加服务器负担,现大都已不再使用。另一种是数据库分页查询,即要查看那一页的数据,通过数据库的分页查询SQL命令将需显示的数据查询出来,这种方式为现在分页显示处理所推荐方式。本书只讲解后一种方式。

数据库分页技术主要有由三个重要部分组成。

1.分页查询所需使用的要素

(1)当前页,告之系统需要查询的页数。

(2)每页显示的记录数。

(3)总页数。

想知道查询数据总页数就需要知道查询表中总记录数。其通用公式为总页数=(总记录数/每页显示记录数==0)?总记录数/每页显示记录数:(总记录数/每页显示记录数)+1。在PHP中为用户提供了ceil函数,可以简洁快速地求出总页数,总页数=ceil(总记录数/每页显示记录数)。

2. 分页查询SQL命令

命令语法格式:SELECT 列名 FROM 表名 limit 每页显示记录数*(当前页数-1),每页显

示记录数。

3. 分页导航控制

分页导航控制主要是通过对本页面传参改变要查询数据页数。较为常用的方式是使用超链接Get传参<a href=?当前页变量名=页数…>。另一种是使用JavaScript和表单的Post传参动态改变查询数据的页码。

4.4.5 PHP页面跳转方式

1. header()函数

header()函数格式如下：

header (string string [,bool replace [,int http_response_code]])

可选参数replace表示是替换前一条类似标头还是添加一条相同类型的标头，默认为替换。

第二个可选参数http_response_code强制将HTTP相应代码设为指定值。 header函数中Location类型的标头是一种特殊的header调用，常用来实现页面跳转。例如：

```
header("location: http://www.zdsoft.com.cn");
```

温馨提示：

- location和 “:” 号间不能有空格，否则不会跳转。
- 在用header前不能有任何的输出。
- header后的PHP代码还会被执行。

为了防止header后的PHP代码还会执行，可以使用exit跳出PHP代码。例如：

```
header("location: http://www.zdsoft.com.cn");
exit;
```

2．使用HTML的META标记

用HTML标记，就是用META的refresh标记，例如：

```
< meta http-equiv="refresh" content="3;url=http://www.zdsoft.com.cn">
```

在3秒后，页面就会自动跳转到 “http://www.zdsoft.com.cn” ，再如：

```
< ?php
$url = "http://www.zdsoft.com.cn";
 ?>
< html>
< head>
```

```
< meta http-equiv="refresh" content="1; url=< ?php echo $url; ?>">
< /head>
< body>
页面只停留一秒……
< /body>
< /html>
```

3 . javascript方法(推荐)

此代码可以放在程序中的任何合法位置。例如:

```
< ?php
$url = "http://www.zdsoft.com.cn";
echo "<script language='javascript' type='text/javascript'>";
echo "window.location.href='$url' ";
echo "</script>";
?>
```

4.4.6 explode()与 implode()

explode () 函数用于将字符串分割为数组。

格式: explode(separator,string,limit)

separator: 必需。规定在哪里分割字符串。

string: 必需。要分割的字符串。

limit: 可选。规定所返回的数组元素的最大数目。

例如:

```
<?php
$str = "你好/我好/大家好";
$myarray = explode(" ",$str);
print_r ($myarray);
?>
```

输出:

```
Array
(
[0] => 你好
[1] => 我好
[2] => 大家好
```

)

implode ()函数的功能刚好跟explode()相反，它是把数组元素组合为一个字符串。

格式：implode(separator,array)

separator：可选。规定数组元素之间放置的内容，默认是 ""（空字符串）。

array：必需。要结合为字符串的数组。

例如：

```
<?php
$arr = array('Hello','World!','Beautiful','Day!');
echo implode("/",$arr);
?>
```

输出：

Hello/World!/Beautiful/Day!

4.4.7 加载外部PHP文件

很多时候会使用一些公用的页面代码，比如数据连接和一些基本的自定义函数，而且这些代码的使用频率很高。因此，可以把它们写在一些特定的PHP文件中。如果页面要使用它们，只需要使用requrie_once()或者include_once()函数，就可以把它们包括在页面中。例如：

```
< ?php
   require_once("a.php");、 //加载外部的a.php
   require_once("common/b.php");、
//加载common文件夹下面的b.php
?>
```

温馨提示

Require_once 和include_once在引入外部文件时，必须采用文件相对路径，如开发中觉得不便，可使用set_include_path()函数，指定加载文件的路径后即可直接按文件名引入。

4.5 知识拓展

4.5.1 网页中文乱码

1. 编码规则的选择

在PHP程序中，为了避免从数据库中读出的数据出现乱码，往往会指定编码规则。各个国家因为文字字符不同，都有自己的编码规则。在国际上也有通用的编码规则，即utf-8。而在中国大陆，常用的程序编码规则有gb2312和utf-8。其中gb2312是大陆根据汉字的特点定义的编码规则。

为了避免程序出现乱码，建议选择utf-8作为程序的编码规则，如果仅在中国大陆使用的系统，也可选择gb2312。

utf-8中 utf8_general_ci 和 utf8_unicode_ci的区别：

• utf8_unicode_ci校对规则仅部分支持Unicode校对规则算法。一些字符还是不能支持。并且，不能完全支持组合的记号。这主要影响越南和俄罗斯的一些少数民族语言，如：Udmurt 、Tatar、Bashkir和Mari。 utf8_unicode_ci的最主要的特色是支持扩展，即当把一个字母看作与其他字母组合相等时。例如，在德语和一些其他语言中"β"等于"ss"。

• utf8_general_ci是一个遗留的校对规则，不支持扩展。它仅能够在字符之间进行逐个比较。utf8_general_ci校对规则进行的比较速度更快，但是与使用utf8_unicode_ci的校对规则相，比较正确性较差。不过，中文的使用不存在这些差别。

因此，从速度上考虑，在数据库的排序规则中，建议选择utf8_general_ci。

2.网页乱码的处理

在程序开发中，英文是不存在乱码的，所说的乱码主要是指网页中的中文乱码，常见乱码有：

（1）网页显示乱码：其主要原因可能是网页显示的编码方式与编辑器所使用的编码不一致或数据库查询出来的数据编码与网页显示编码不一致。解决这种情况的方法是统一编辑器，数据库查询编码，并使用HTML的META标签设置网页显示编码。META设置网页显示编码的语法格式为：

```
<meta http-equiv="Content-Type" content="text/html; charset=显示编码" />
```

（2）传输过程乱码：其主要原因是使用表单或超链接在传参过程中出现了乱码情况，表现为输入的数据正常，接收到的数据却是乱码。其解决方法改为使用PHP 的header()函数设置相应编码或使用编码转换函数对传输的数据进行相应的转码。在PHP中，常用的编码转换函数是mb_convert_encoding和iconv。iconv函数在转换编码时效率较高，一般在不知道所需转化数据编码具体情况时使用。如果知道需要转化的编码，一般使用mb_convert_encoding函数进行转码。

iconv函数语法：iconv(string in_charset,string out_charset,string str)，将指定字符串str由in_charset编码格式转换成out_charset编码格式，返回bool值。

mb_convert_encoding函数语法：mb_convert_encoding(string str,string to_encoding[,mixed from_encoding])，将字符串str的编码由from_encoding转换为to_encoding。

（3）数据库读写乱码：数据库插入乱码是指数据在写进数据库之前是正常的，写进数据库后就产生了乱码；数据库读取乱码是指在数据库中存放的数据是正常的，但使用程序读取后变成了乱码。要解决这类乱码问题，简单的解决方法是使用数据库的SQL命令，指定数据库读写数据的编码方式。如MySQL数据库，在操作数据库前使用mysql_query()函数执行“SET NAMES 数据库操作编码”语句。

4.5.2 SQL数据库注入攻击

SQL注入攻击是黑客攻击网站最常用的手段，其主要方式是通过对用户输入的数据引入一些非法字符进行组装，提高后逃避产生合法的登录其具有特殊意义的SQL字符串，让程序执行以达到其特殊的目的。例如：在制作用户登录时，表单中填写有用户名为“xxx”，密码输入为“xxx' or '1=1”。那么生成的SQL命令如下所示：select * from t_user where username='xxx' and pwd='xxx' or '1=1'；虽然数据库中没有xxx用户，但通过上述操作还是能达到用户登录的效果。由此可知SQL注入主要是提交不安全的数据给数据库以达到攻击的目的。为了防止SQL注入攻击，PHP自带的一个功能可以对输入的字符串进行处理，可以在较底层对输入进行安全上的初步处理，即Magic Quotes，(php.ini magic_quotes_gpc)。如果magic_quotes_gpc 选项启用，那么输入的字符串中的单引号、双引号和其他一些字符前将会被自动加上反斜杠（\）。但Magic Quotes并不是一个很通用的解决方案，不能屏蔽所有有潜在危险的字符，并且在许多服务器上Magic Quotes并没有被启用。所以，还需要使用其他多种方法来防止SQL注入攻击。

（1）检查输入的数据是否具有所期望的数据格式。

PHP有很多可以用于检查输入的函数，从简单的变量函数和字符类型函数（如 is_numeric(), ctype_digit()）到复杂的 Perl 兼容正则表达式函数都可以完成这个工作。

（2）使用数据库特定的敏感字符转义函数。

如果数据库没有专门的敏感字符转义功能，addslashes() 和 str_replace()函数可以代替完成这个工作。

mysql_escape_string():该函数转义出一个可以安全用于mysql_query()的查询字符串。

addslashes() :转义’,” ,\为\’ ,\” ,\\。

str_replace():替换存在危险隐患的字符串 。

preg_replace():按照查询语句的格式，构造特定格式的查询字符串。

注： php.ini magic_quotes_gpc =on，将自动对Get、Post 和 Cookie 数据运行 addslashes()。

（3）要不择手段避免显示出任何有关数据库的信息，尤其是数据库结构

@符号抑制查询时错误输出。@mysql_query();

php.ini中 display_errors = off,关闭错误输出。

（4）永远不要使用超级用户或所有者账号去连接数据库，要用权限被严格限制的账号。

（5）限定MySQL Server的账号权限，不要让MySQL账号可以读写其他敏感文件。Loadfile(),into outfile就因无权限而失效。

（6）保存查询日志，定期检查日志。

日志不能防止注入，但是定期查看日志，能追踪到哪个程序曾经被尝试攻击过。

4.5.3 PDO 技术

在使用PHP连接各类数据库时，必须使用不同的PHP数据库扩展，因此需要掌握很多不同的数据库操作函数。这样会导致如果应用程序要切换数据库就不得不修改程序代码，为了解决这一问题，PHP5后引入了PDO(PHP Data Object)技术，它为PHP访问数据库定义了一个轻量级、一致性的接口。它提供了一个数据库访问抽象层，通过一致的函数执行、访问、操作不同的数据库。

PDO 不是PHP默认的扩展，要使用PDO需要在php.ini进行配置，搜索php.ini找到extension=php_pdo.dll，将前面的分号去掉，这是所有PDO驱动程序共享扩展，必须打开。如想使用某一个数据库，只需打开支持该数据库的PDO驱动即可。如要使用PDO操作MySQL数据库，只需打开操作MySQL的POD驱动库、 extension=php_pdo_mysql.dll即可。

4.6 能力拓展

4.6.1 制作session防表单重复提交

表单重复提交是指用户通过表单向服务器提交数据给服务器页面，在服务器处理后，不断地刷新处理页面，服务器就会不断进行相应的数据处理。在实际的商业项目中，一般是不允许这种情况出现的。因此对于表单提交信息一般都要做防表单重复提交处理。

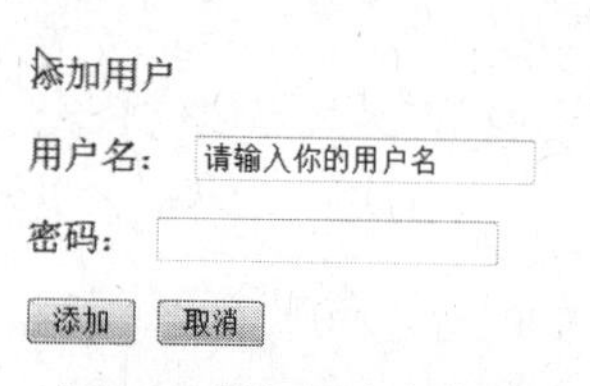

图4.5 添加用户表单界面

在本书中，表单防重复提交处理的思路是在表单页面生成一个随机字符串，同时放置到session会话变量中和表单的隐藏域中；表单提交给用户处理页面后，获取到表单和会话中随机字符串进行比较，如一致说明第一次提交表单，进行处理，处理后，销毁session变量，如不一致说明表单是重复提交。下面以添加用户为例进行讲解。

(1) 制作添加用户表单界面addUser.php，如图4.5所示。

(2) 生成随机字符串，存入会话变量和表单中。参考代码如下：

```
<?php session_start();?>
<html xmlns="http://www.w3.org/1999/xhtml">
<head>
<meta http-equiv="Content-Type" content="text/html; charset=utf-8" />
<title>无标题文档</title>
</head>
```

```
<body>
<?php
    $rand =time()+rand(0,1000);
    $_SESSION['token']=$rand;
?>
<p>添加用户</p>
<form id="form1" name="form1" method="post" action="doAddUser.php">
    <p>用户名:
     <label for=""></label>
     <input type="hidden" name='token' value="<?=$rand?>"/>
    <input type="text" name="user" id="username" value="请输入你的用户名"/>
    <label for="textfield"></label>
    </p>
    <p>密码:
     <label for="password"></label>
     <input type="password" name="password" id="password" />
     <label for="repwd"></label>
 </p>
 <p>
     <input type="submit" name="button" id="button" value="添加" />
     <input type="reset" name="button2" id="button2" value="取消" />
     <br />
    </p>
</form>
<p> </p>
</body>
</html>
```

(3) 处理用户提交表单doAddUser.php。参考代码如下:

```
<?php
  session_start();
  $ftoken=$_POST['token'];
  $stoken=$_SESSION['token'];
  if($ftoken==$stoken){
          echo "第一次提交, 处理数据";
```

```
            unset($_SESSION['token']);
    }else
    {
            echo "表单重提交，请返回表单页面";
    }
?>
```

4.6.2 使用cookie记录登录信息

（1）制作用户登录界面login.php，如图4.6所示。

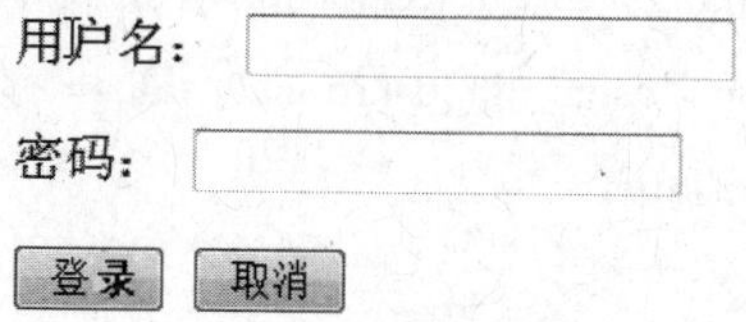

用户名：

密码：

登录 取消

图4.6 用户登录界面

（2）判断是否存在用户登录信息，如存在将信息放入表单中。参考代码如下所示：

```
<form id="form1" name="form1" method="post" action="doLogin.php">
  <p>用户名：
  <label for="user"></label>
  <input type="text" name="user" id="user" <?php if($_COOKIE['user']){?>value="<?=$_COOKIE['user']?>"<?php }?>/>
  </p>
  <p>密码：
  <label for="pwd"></label>
  <input type="text" name="pwd" <?php if($_COOKIE['pwd']){?>value="<?=$_COOKIE['pwd']?>"<?php }?>/>
  </p>
  <p>
  <input type="submit" name="button" id="button" value="登录" />
  <input type="button" name="button2" id="button2" value="取消" />
  </p>
```

```
</form>
```

(3)处理用户登录，使用cookie记录用户登录信息。参考代码如下：

```
<?php
	$user =$_POST['user'];
	$pwd =$_POST['pwd'];
    if($user=="test"&&$pwd="123")
    {
		setcookie('user',$user,time()+60*60);
		setcookie("pwd",$pwd,time()+60*60);
		echo "登录成功";
    }
    else
    {
		echo "登录失败";
    }
?>
```

4.7 巩固提高

1.选择题

(1)在SQL中删除记录，应使用的命令是（　　）。

A. DELETE　　B. UPDATE　　C. SELECT　　D. INSERT　INTO

(2)在SQL中进行修改，应使用的命令是（　　）。

A. DELETE　　B. UPDATE　　C. SELECT　　D. INSERT　INTO

(3)在SQL中进行查找语句，应使用的命令是（　　）。

A. DELETE　　B .UPDATE　　C.SELECT　　D.INSERT INTO

(4)在SQL中插入数据，应使用的命令是（　　）。

A.DELETE　　B.UPDATE　　C.SELECT　　D.INSERT　INTO

(5)session在使用前，要在PHP文件中添加（　　）。

A. session_start();　　B. session_destroy();

C. $user=$_SESSION[‘user’];　　D. $_SESSION[‘user’]= $user;

(6)session会话的值存在（　　）。

A.硬盘上　　B.网页中　　C.客户端　　D.服务器端

(7)cookie的值存在（　　）。

A.硬盘上　　B.网页中　　C.客户端　　D.服务器端

(8)session_start();应该写在（　　）。

A. 页的首行　　B. 页的尾部　　C. 页的中间　　D.任意位置

(9) mysql_connect()与@mysql_connect()的区别是(　　)。

A. @mysql_connect()不会忽略错误，将错误显示到客户端

B. mysql_connect()不会忽略错误，将错误显示到客户端

C. 没有区别

D. 功能不同的两个函数

(10) 关于mysql_select_db的作用描述正确的是(　　)。

A. 连接数据库　　B. 连接并选取数据库

C. 连接并打开数据库　　D. 选取数据库

(11) 以下哪个DBMS没有PHP扩展库?(　　)。

A. MYSQL　　B. IBM DB/2　　C. PostgreSQL

D. Microsoft SQL Server　　E. 以上都不对

(12) 在PHP中哪个变量数组总是包含所有总客户端发出的cookies数据?(　　)

A. $_COOKIE　　B. $_COOKIES

C. $_GETCOOKIE　　D. $_GETCOOKIES

2. 填空题

(1) t_user表中有100条数据，如果要作为页查询，要求：分页查询的每页显示的记录数为20条，查询出数据排序，按照userid倒序查询时，请写出该分页查询的SQL命令__________。

(2) 程序员在PHP 操作数据库时，对数据进行删除操作，为了查看删除的记录条数，应当使用__________函数获取删除记录数。

(3) 程序员在查询数据时，为了获取出查询记录的条数，应当使用__________函数。

(4) 在使用PHP会话技术时保存用户信息，要求用户关闭网页后，下一次打开页面仍然可以显示出上一次用户信息，应当使用__________技术。

3. 课外练习

(1) 配置好PDO，使用PDO技术操作数据库完成本学习情境的所有任务。

(2) 使用PDO的prepare()方法，完成用户注册任务。

(3) 使用表单和JavaScript的方式，完成用户例表分页查询功能。

学习情境5 | 图片管理系统

5.1 任务引入

在现有的互联网应用系统当中，图片管理系统基本上是一个不可缺少的功能模块，本学习情境主要通过4个任务，让学生掌握图片管理系统中的文件上传、生成缩略图、图片水印制作等关键技术，并巩固前面所学的数据库基本操作技能。

5.2 任务分析

5.2.1 任务目标

通过本学习情境的添加图片、编辑图片、删除图片、查询图片等4个图片管理系统典型案例的学习，学生应达到如下目标：

- 了解PHP文件处理的常用的函数；
- 掌握PHP文件上传；
- 掌握PHP GD图形图像处理。

5.2.2 设计思路

本学习情境是将一个简易的企业CMS系统中关于文件上传和图形处理的功能模块集中在一起作为一个小系统案例。此学习情境融入了工作岗位中对有关文件上传、图像处理的基本技能，在知识拓展和能力拓展中引入一些工作中常使用的技能，如图片水印、缩略图生成、JPGraph技术等，同时也对上一学习情境中关于数据库操作技能进行强化。本学习情境的任务组成：

☆**任务1**：添加图片

☆**任务2**：制作图片管理例表

☆**任务3**：删除图片

☆**任务4**：编辑图片信息

要完成本学习情境任务，应准备：

（1）数据库连接共用文件conn.php，如下所示：

```
<?php
    $link =mysql_connect("localhost","root","123456");/*连接数据库*/
    mysql_select_db("phpstudy",$link);/*选择操作数据库*/
    mysql_query("set names utf8");/*设置操作编码*/
?>
```

（2）创建共用函数库文件functions.php。

（3）创建数据表t_pics，如下所示：

字段名	数据类型	字段说明	备　注
Id	int(4)	图片id	主键 自动增长
pic_name	varchar(50)	图片名称	不能为空
Pic_url	varchar(200)	图片地址	不能为空
pic_intro	text	图片简介	不能为空
op_time	timestamp	操作时间	自动更新

（4）创建存放图片上传文件夹upload。

5.3　任务实施

任务1　添加图片

制作添加图片表单，当提交表单，获取所需信息，处理文件上传后，将所需信息存入数据库相关表格中。代码如addPic.php doAddPic.php。

1. 添加图片表单制作 addPic.php

要制作添加图片功能模块，首选需制作添加图片表单，表单界面如图5.1所示。

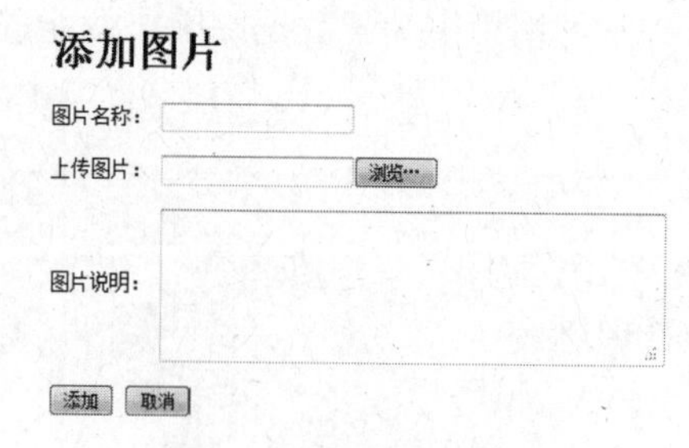

图5.1　添加图片表单

2. 设置表单输入组件name 属性

上面页面中的每个表单元素都需要设置一个name属性，便于后台获取数据。在这里，由于代码实在过多，我们表单相关属性设置，表单组件的name属性设置，图片名称(pic_name)、上传图片（pic）、图片说明（pic_intro），表单标签enctype属性设置为“multipart/form-data”。

3.获取表单基本信息doAddPic.php

代码如下：

```
<?php
    require_once("conn.php");/*引入数据库共用文件*/
    require_once("functions.php");//引入共用函数文
    $pic_name = $_POST['pic_name'];//获取图片名称
    $pic_intro = $_POST['pic_intro'];//获取图片说明
…
?>
```

4.设置上传图片基本信息

代码如下：

```
$path="/upload/";//设置上传文件站点相对路径
$upload_dir =$_SERVER['DOCUMENT_ROOT'].$path; //站点相对路径件转换为服务器本
地绝对路径
```

5.获取并组装图片信息

代码如下：

```
/*获取并组装上传文件信息*/
    $pic_ext_array=explode(".",$_FILES['pic']['name']);
    $pic_ext=$pic_ext_array[count($pic_ext_array)-1];
    $src_pic =$_FILES['pic']['tmp_name'];//上传原文件服务临时路径
    $dst_pic=$upload_dir.$pic_name.".".$pic_ext;//上传文件保存本地绝对路径
    $pic_url=$path.$pic_name.".".$pic_ext;//上传文件站点相对路/*获取并设置图片信息*/
    $path="/upload/";//设置上传文件站点相对路径
    $upload_dir =$_SERVER['DOCUMENT_ROOT'].$path; //站点相对路径件转换为服务
器本地绝对路径
    …
```

6.上传图片

代码如下：

```
if($error_code==0 && upfile($src_pic,$dst_pic))
    {
            savePicData($pic_name,$pic_url,$pic_intro);//保存上传图片信息
    }
    else
    {
            jump("文件上传失败","addPic.PHP",0);//文件上传失败跳转
    }
```

7. 所使用的函数封装代码

（1）页面跳转函数jump 的代码如下：

```
/**页面跳转
    * msg 页面跳转提示信息
    * $url 页面跳转地址
    * $type 默认为1成功跳转，实际使用可省略，0为错误跳转
    */
    function jump($msg,$url,$type=1){
            echo "<meta http-equiv='refresh' content='3;url=$url'/>";
            if($type==0){
                echo "<span style='color:red;'>$msg ! 3 秒后自动跳转</span>! ，如未跳转，<a href='$url'>点击</a>";
            }else{
                echo "<span style='color:green;'>$msg ! 3 秒后自动跳转</span>，如未跳转，<a href='$url'>点击</a>";
            }
    }
```

（2）上传文件函数upfile的代码如下：

```
/**
    * 上传文件
    * $src :上传文件临时路径
    * $dst :上传文件最终路径注：文件相对路径或服务器本地绝对路径
    */
    function、upfile($src,$dst)
    {
            return move_uploaded_file($src,$dst);
    }
```

(3) 保存上传文件数据的代码如下:

```
/**
  * 保存上传文件数据
  * $name :图片文件名 $url : 上传图片站点相对路径 $intro 上传图片说明
  */
  function savePicData($name,$url,$intro)
  {
        $sql ="insert into t_pics(pic_name,pic_url,pic_intro) values('$name','$url','$intro') ";
        $rs =mysql_query($sql) or die(mysql_error());
        if(mysql_affected_rows())
        {
              jump("文件上传成功","picList.php");
        }
        else
        {
              jump("保存数据失败","addPic.php",0);
              $pic =$_SEVER[DOCUMENT_ROOT].$url;
              deleteFile($pic);
        }
  }
```

(4) 删除文件函数deleteFile的代码如下:

```
/**删除文件
  * $src :图片相对路径或服务器本地绝对路径
  */
  function deleteFile($src){
        return unlink($src);
  }
```

任务2 制作图片管理例表

图片管理例表页面的主要功能是分页查询出图片所有信息,并能对图片进行添加、删除和编辑。

1. 制作图片例表界面

制作图片例表模板界面 picList.php ,如图5.2所示。

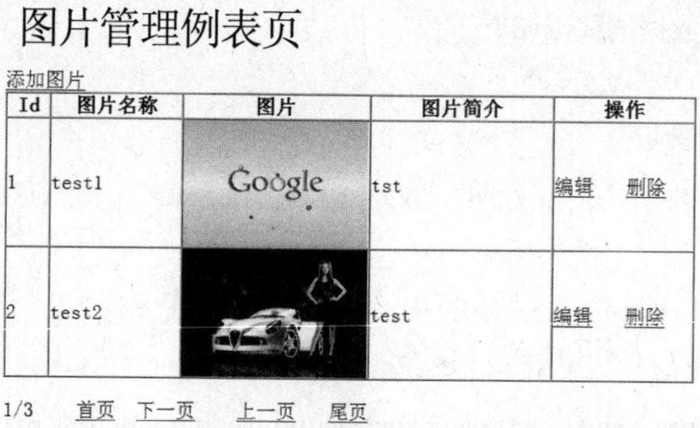

图片管理例表页

添加图片

Id	图片名称	图片	图片简介	操作
1	test1	Google	tst	编辑 删除
2	test2		test	编辑 删除

1/3 首页 下一页 上一页 尾页

2. 编辑模板操作超链接

在模板界面中，添加图片、编辑、删除的超链接，将href属性插入相应处理页面。添加图片需插入“addPic.php”，编辑图片需插入“editPic.php”， 删除图片需插入“delPic.php”。

3. 图片例表分页查询

（1）引入共用文件的代码如下：

```
<?php
    /*引入共用文件*/
    require_once("conn.php");
    require_once("functions.php");
…
?>
```

（2）设置或获取分页查询所需元素的代码如下：

```
/*图片分页查询元素*/
    $pagesize = 1;//每页显示记录数
    if(!$_GET['page']||!isset($_GET['page']))
    {
            $page=1;//默认当前面
    }
    else
    {
            $page=$_GET['page'];//用户传输当前页
    }
    /*获取总页数*/
    $sql ="select count(*) from t_pics";
    $rs =mysql_query($sql);
```

```
    $row =mysql_fetch_array($rs,2);
    $totalnumber =$row[0];
    $totalpage =ceil($totalnumber/$pagesize);
…
```

(3) 制作超链接分页导航的代码如下：

```
<p><?=$page?>/<?=$totalpage?>    <a href="?page=1">首页</a>  <a href="?page=<?=$page+1?>">下一页</a>    <a href="?page=<?=$page-1?>">上一页</a>   <a href="?page=<?=$totalpage?>">尾页</a></p>
```

(4) 在编辑模板下，查询当前页数据，代码如下：

```
…
/*查询当前页数据*/
    $jump =($page-1)*$pagesize;
    $sql ="select * from t_pics order by op_time desc limit $jump,$pagesize";
    $rs = mysql_query($sql);
```

(5) 将查询出的数据显示在模板相应位置，代码如下：

```
<?php
    while($row=mysql_fetch_array($rs,2))
{
?>
<tr>
 <td><?=$row[0]?></td>
 <td><?=$row[1]?></td>
 <td><img src="<?=$row[2]?>" width="150" height="100" /></td>
 <td><?=$row[3]?></td>
 <td><a href="editPic.php?id=<?=$row[0]?>">编辑</a>   <a href="delPic.php?id=<?=$row[0]?>">删除</a></td>
</tr>
<?php
}
?>
```

(6) 步骤 (3) 没有对超链接导航进行逻辑控制，需进行制作。如：当前页已经是最后一页时，不能再访问下一页，需控制“下一页”导航超链接，同理“上一页”导航也是如此。在此只给出部分代码仅供参考：

```
<?php if($page>=$totalpage) {
?>
```

```
下一页<?php  }else{
?>
<a href="?page=<?=$page+1?>">下一页</a>
<?php
    }
?>
```

任务3 删除图片

要删除图片，首先要获取所删除图片的id，再查询出所删除图片的地址，将图片的站点相对地址转换成本地绝对路径，当删除图片记录成功时，即删除了图片。参考代码delPic.php。

（1）引入共用文件的代码如下：

```
<?php
    /*引入共用文件*/
    require_once("conn.php");
    require_once("functions.php");
…
?>
```

（2）查询出要删除图片记录id的代码如下：

```
    $id =$_GET['id'];
…
```

（3）查询出要删除图片的地址的代码如下：

```
    /*查询出删除图片地址*/
    $sql ="select pic_url from t_pics where id =$id";
    $rs =mysql_query($sql);
    $row = mysql_fetch_array($rs,2);
    $pic_url =$row[0];
    $pic_addr =$_SERVER[DOCUMENT_ROOT].$pic_url;
…
```

（4）删除图片的代码如下：

```
$sql ="delete from t_pics where id=$id";
    $rs =mysql_query($sql);
    if(mysql_affected_rows())
    {
            unlink($pic_addr);
```

```
            jump("删除图片成功","picList.php");
    }
    else
    {
            jump("删除图片失败","picList.php",0);
    }
```

任务4 编辑图片信息

首先将要编辑的图片信息根据id 查询出来，放入编辑表单供编辑用户查看以前信息，关键是要将编辑的图片id 放入编辑表单的隐藏域中，提交表单时，处理页面依据id 对图片信息记录进行条件更新。

(1) 制作编辑图片信息模板editPic.php，其界面如图5. 3所示。

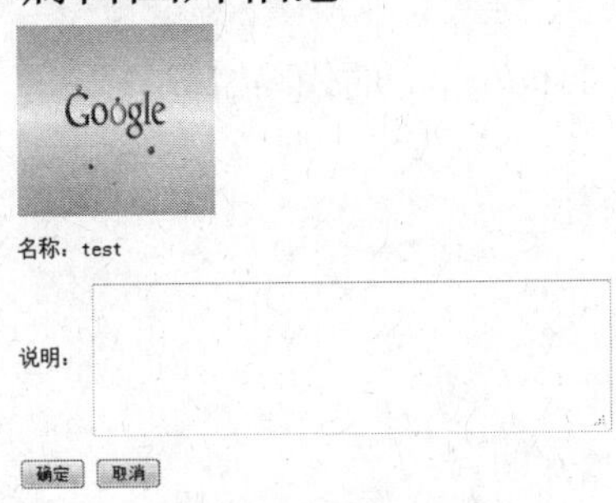

图5.3 编辑图片信息

(2) 查询出编辑图片信息的代码如下：

```
<?php
    require_once("conn.php");
    require_once("functions.php");
    $id =$_GET['id'];
    $sql ="select * from t_pics where id=$id";
    $rs =mysql_query($sql);
    $row=mysql_fetch_array($rs,2);
?>
```

(3) 将图片信息放入相应位置，并在表单中插入一个隐藏域，将图片id 放入隐藏域值中。代码如下：

```
<form action="doEditPic.php" method="post">
 <p><img src="upload/test.jpg" width="150" height="100" />
    <label for="fileField"></label>
```

```
        <input type="hidden" name="id" value="<?=$row[0]?>"/>
    </p>
    <p>名称：<?=$row[1]?></p>
    <p>说明：
    <label for="textarea"></label>
        <textarea name="pic_intro" id="textarea" cols="45" rows="5">
        <?=$row[3]?>
        </textarea>
    </p>
    <p>
        <input type="submit" name="button" id="button" value="确定" />
        <input type="reset" name="button2" id="button2" value="取消" />
    </p>
</form>
```

（4）处理编辑图片信息页面doEditPic.php的代码如下：

```
<?php
    require_once("conn.php");
    require_once("functions.php");
    $id =$_POST['id'];
    $pic_intro=$_POST['pic_intro'];
    $sql ="update t_pics set pic_intro ='$pic_intro' where id =$id";
    $rs =mysql_query($sql);
    if(mysql_affected_rows())
    {
            jump("编辑成功","picList.php");
    }
    else
    {
            jump("编辑失败","picList.php");
    }
?>
```

5.4 任务小结

本学习情境通过将图片管理系统划分成4个典型工作任务进行学习，学生应当掌握文件上传所需的技能及应注意的相关事项（文件上传表单需增加enctype属性，并将值设为“multipart/form-data”，在处理图片上传时，应当注意move_upload_file、unlink、require_once等函数只能使用文件相对路径或本地绝对路径的文件）。此学习情境也对数据库的增、删、改、分页查询等技能进行了巩固练习。下面对本学习情境中所使用到知识和技能作进一步的总结。

5.4.1 文件上传

PHP的上传特性可以使用户上传文本和二进制文件。用 PHP的认证和文件操作函数，可以完全控制允许哪些人上传文件及上传后的文件怎样处理。PHP能够接受任何来自符合 RFC-1867标准的浏览器（包括 Netscape Navigator 3!" 及更高版本，打了补丁的 Microsoft Internet Explorer 3!" 或者更高版本）上传的文件。PHP的上传原理是当含有文件上传的表单提交后，服务器会自动将客户端提交的上传文件以一个临时文件存放在服务器的临时目录，然后通过相应处理文件上传的函数，如move_upload_file将文件从服务器的临时位置移动到服务器站点的相应位置，客户端上传文件信息被自动封装到系统全局数组$_FILES中。

1. PHP 文件上传常用配置（php.ini）

PHP文件上传的常用配置见表5.1。

表5.1 文件上传常用配置表

字 段	说 明	备 注
file_uploads	是否允许http文件上传	从PHP4.0.3启用
upload_tmp_dir	文件上传时存放文件的临时目录	必须是 PHP 进程所有者用户可写的目录
upload_max_filesize	所上传文件的最大容量	值以字节为度量单位，也可以在表单中用隐藏域设置，字段名为：MAX_FILE_SIZE

2. $_FILES全局数组信息说明

假设文件上传字段的名称为 userfile。名称可随意命名。

$_FILES['userfile']['name']：客户端机器文件的原名称。

$_FILES['userfile']['type']: 文件的 MIME 类型，如果浏览器提供此信息的话。一个例子是“image/gif”。不过此 MIME 类型在 PHP 端并不检查，因此不要想当然认为有这个值。

$_FILES['userfile']['size']: 已上传文件的大小，单位为字节。

$_FILES['userfile']['tmp_name']: 文件被上传后在服务端储存的临时文件名。

$_FILES['userfile']['error']: 和上传文件相关的错误代码，见表5.2。从 PHP 4.2.0 开始，

PHP将随文件信息数组一起返回一个对应的错误代码。该代码可以在文件上传时生成的文件数组中的 error 字段中被找到，在 PHP 4.3.0 之后变成了 PHP常量。

表5.2 文件上传错误代码表

值	常 量	说 明
0	UPLOAD_ERR_OK	没有错误发生，文件上传成功
1	UPLOAD_ERR_INI_SIZE	上传的文件超过了php.ini 中 UPLOAD_MAX_FILESIZE 选项限制的值
2	UPLOAD_ERR_FORM_SIZE	上传文件的大小超过了 HTML 表单中 MAX_FILE_SIZE 选项指定的值
3	UPLOAD_ERR_PARTIAL	文件只有部分被上传
4	UPLOAD_ERR_NO_FILE	没有文件被上传
5	UPLOAD_ERR_NO_TMP_DIR	找不到临时文件夹
6	UPLOAD_ERR_CANT_WRITE	文件写入失败

3．PHP 文件常用函数

(1) 文件常用函数

•resource fopen (string filename, string mode)

filename: 如果 PHP认为 filename 指定的是一个本地文件，将尝试在该文件上打开一个流。该文件必须是 PHP可以访问的，因此需要确认文件访问权限允许访问；如果 PHP认为 filename 指定的是一个已注册的协议，而该协议被注册为一个网络 URL，PHP将检查并确认 allow_url_fopen 已被激活。如果关闭了，PHP将发出一个警告，而 fopen 的调用则失败。

mode: 指定了所要求到该流的访问类型，其可能值如下：

'r': 只读方式打开，将文件指针指向文件头。

'r+': 读写方式打开，将文件指针指向文件头。

'w': 写入方式打开，将文件指针指向文件头并将文件大小截为零。如果文件不存在则尝试创建之。

'w+': 读写方式打开，将文件指针指向文件头并将文件大小截为零。如果文件不存在则尝试创建之。

'a': 写入方式打开，将文件指针指向文件末尾。如果文件不存在则尝试创建之。

'a+' : 读写方式打开，将文件指针指向文件末尾。如果文件不存在则尝试创建之。

'x': 创建并以写入方式打开，将文件指针指向文件头。如果文件已存在，则 fopen() 调用失败并返回 false，并生成一条 E_WARNING 级别的错误信息。如果文件不存在则尝试创建之。

'x+'：创建并以读写方式打开，将文件指针指向文件头。如果文件已存在，则 fopen() 调用失败并返回 FALSE，并生成一条 E_WARNING 级别的错误信息。如果文件不存在则尝试创建之。

• int fwrite (resource handle, string string [, int length]) :

返回写入字符数。

Haddle: 操作的文件流。

String: 写入字符。

length: 写入长度。

• fread (读取文件) string fread (int handle, int length): 从文件指针 handle 读取最多 length 个字节。

• bool move_uploaded_file (string filename, string destination): 如果 filename 不是合法的上传文件, 不会出现任何操作, move_uploaded_file() 将返回 false。如果 filename 是合法的上传文件, 但出于某些原因无法移动, 不会出现任何操作, move_uploaded_file() 将返回 false。此外还会发出一条警告。

• bool is_file (string filename): 如果文件存在且为正常的文件则返回 true。

• bool file_exists (string filename): 如果由 filename 指定的文件或目录存在则返回 true, 否则返回false

• bool unlink (string filename): 如果成功则返回 true, 失败则返回 false。

案例1: 创建一个文件, 并写出10个 "hello word!" , 代码如下:

```
<?php
    $f=fopen("d:/t.txt","w+");
    for($i=1;$i<=10;$i++)
    {
            fwrite($f,"hello word! \n\r");
    }
?>
```

案例2: 读取d:/t.txt , 将其中内容输出到浏览器, 代码如下:

```
<?php
    $file_path="d:/t.txt";
    $f=is_file($file_path)?fopen($file_path,"r"):die("不是文件");
    $content="";
    if(is_readable($file_path))
    {
            $content=fread($f,filesize($file_path));
            echo $content;
    }else
    {
```

```
        echo"文件不可读";
    }
?>
```

案例3：d:/t.txt文件下载，代码如下：

```
<?php
    header('Content-Disposition: attachment; filename="t.txt"');
    readfile('d:/t.txt');
?>
```

（2）文件夹常用函数

• bool mkdir (string pathname [, int mode [, bool recursive [, resource context]]])：尝试新建一个由 pathname 指定的目录。mode 在 Windows 下被忽略，在Linux下指文件（夹）权限。

• bool is_dir (string filename)：如果文件名存在并且为目录则返回 true。如果 filename 是一个相对路径，则按照当前工作目录检查其相对路径。

• bool rmdir (string dirname)：尝试删除 dirname 所指定的目录。该目录必须是空的，而且要有相应的权限。如果成功则返回 true，失败则返回 false。

温馨提示

• 上传表单必须添加enctype 属性，其值设为"enctype="multipart/form-data"，否则无法上传。

• move_uploaded_file 函数只能移动文件相对路径或本地绝对路径文件，在实际项目中，我们常需将站点相对路径与本地绝对路径进行相应转换。转换方式为：本地绝对路径=本地站点目录绝对路径+文件站点相对路径。站点目录绝对路径可通过$_SERVER系统全局数组中的DOCUMENT_ROOT获取。

• 如果要上传一组文件，需将表单中name 属性的值后面加上"[ ]"（中括号）。

• 在上传中文文件时，有时会产生上传中文文件名乱码，需用户使用相应的编码转换函数进行转码，如iconv函数。

5.4.2 GD图形图像库函数

GD库是PHP处理图形的扩展库，它提供了一系列用来处理图片的API。使用GD库可以处理图片或者生成图片。在网站上GD库通常用来生成缩略图，或者用来给图片添加水印，或者用来生成汉字验证码，或者对网站数据生成报表等。在PHP处理图像时，GD库开始是支持GIF的，但由于GIF使用了有版权争议的LZW算法，会引起法律问题，于是从GD-1.6开始，GD库不再支持GIF，改为支持更好的、无版权争议的PNG。此库不是标准库，用户如需使用其功能需开启其扩展功能。GD 库的函数见表5.3。

表5.3 GD　图形处理常用函数

函数名	说　明	备　注
imagecreate	新建一个基于调色板的图像	int x_size:图像宽; int y_size: 图像高
Imagecreatetruecolor	新建一个真彩色图像	int x_size; 图像宽; int y_siz: 图像高, 默认为黑色背景
Imagecreatefromjpeg	从 JPEG 文件或 URL 新建一个图像	string filename: 文件路径
Getimagesize	取得图像大小	string filename: 文件路径
imagecolorallocate	为一幅图像分配颜色	red、green 和 blue 分别是所需要颜色的红、绿、蓝成分。参数为 0 到 255 的整数或者十六进制的 0x00 到 0xFF
imagecopyresampled	重采样复制部分图像并调整大小	将一幅图像中的一块正方形区域复制到另一个图像中, 平滑地插入像素值, 虽然, 减小了图像的大小, 仍然保持了极大的清晰度。如果成功则返回 true, 失败则返回 false
imagefttext	使用 FreeType 2 字体将文本写入图像	使用 FreeType 2 字体将文本写入图像
imagestring	水平地绘制一行字符串	imagestring() 用 col 颜色将字符串 s 画到 image 所代表图像的 *x*, *y* 坐标处(这是字符串左上角坐标, 整幅图像的左上角为 0, 0)。如果 font 是 1、2、3、4 或 5, 则使用内置字体

5.5　知识拓展

JPGraph

PHP JPGraph是一款采用纯PHP的面向对象编写而成的图形化处理类库, 支持CGI/APXS/CLI开发模式。使用JPGraph可以以简单的方式创建各种类型的统计图, 包括普通X-Y坐标图、柱形图、饼状图等多种复杂的图形, 如图5.4所示。

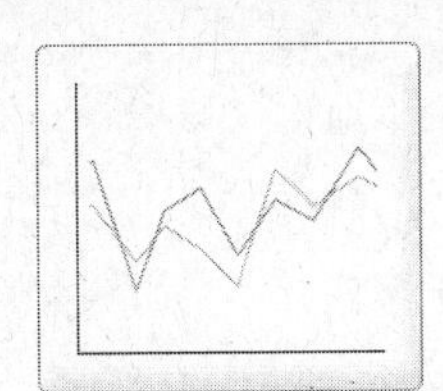
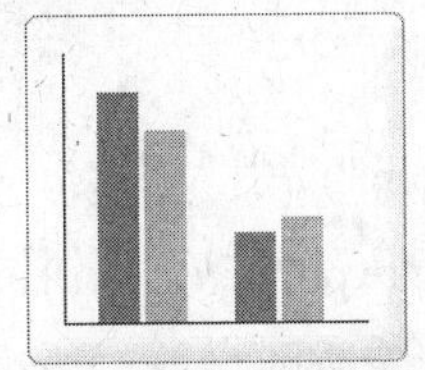
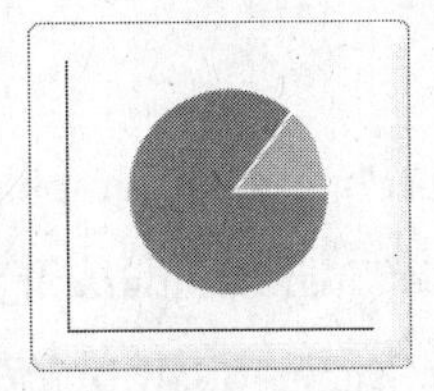

图5.4　多种复杂的图形

要使用JPGraph绘制图形, 只需掌握少量JPGraph内置函数即可, 其下载的压缩包中也含有范例供参考学习。

1.JPGraph安装

（1）到www.jpgraph.net 或其他网站上下载最新的版本。

（2）确保PHP版本最低要求，最新JPGraph3.5要求PHP版本在5.1以上，如果不是，可选择相应的版本下载。在使用JPGrahp前，要确保运行环境支持GD库，并且GD库是开启的，GD库的版本还要为2.0。想查看GD库的信息可使用phpinfo()函数。

2.JPGraphp配置

（1）将下载的压缩包解压，以下载的jpgraph3.0.7为例。解压后有两个文件夹，docportal文件夹里存放的是帮助手册和类的API；src 文件夹里主要存放的是源码、例子、语言包，如图5.5所示。

要使用JPGraph，为了精简只需将Examples文件夹删除，将src文件夹重命名为jpgraph，作为类库文件夹导入项目即可。

（2）配置库文件的字体路径。打开jpg-config.inc.PHP文件，定义字库常量TTF_DIR的路径，Windows的字库路径默认为系统盘:\windows\fonts。因此只需在jpg-config.inc.php里添加如下代码即可：

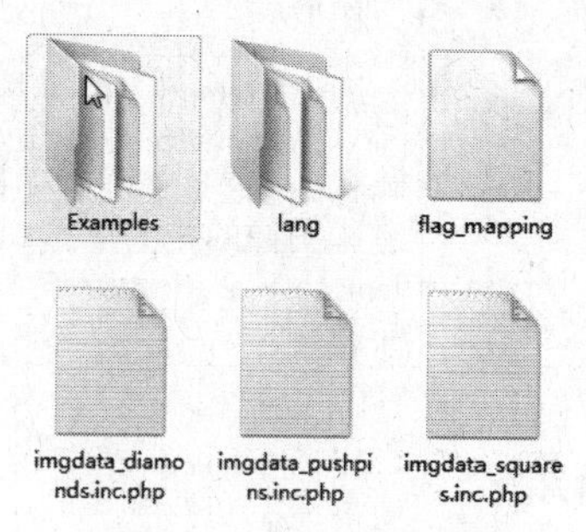

图5.5　src文件夹的内容

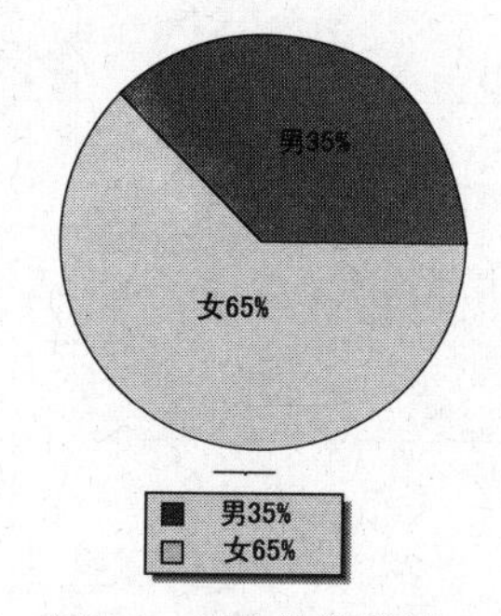

图5.6　男女比例饼图

define('TTF_DIR','c:/Windows/Fonts/');

要使用这个类，就必须先引入JPGraph的基类jpgraph.php文件，然后制作相应的图形，再引入相应的类文件。如要制作一个班级中男女生占比情况的饼图，如图5.6所示。

其参考代码如下：

```
<?php
    require_once("jpgraph/jpgraph.php");//引入基类
    require_once("jpgraph/jpgraph_pie.php");//引入饼图
    $jp=new PieGraph(400,400);//创建饼图对象，并初始化大小
    $jp->title->setFont(FF_FONT1,FS_BOLD);
    $jp->legend->setFont(FF_FONT1,FS_BOLD);
    $jp->legend->Pos(0.5,0.82,"center","left");
```

```
    $jp->title->Set("man and woman in class");
    //$jp->lengend->setFont(FF_CHINESE);
    $data =array(21,39);//饼图数据
    $p1 = new PiePlot($data);//实例化饼图，并载入数据
    $p1->value->Show(true);//设置显示置
    $p1->value->setFont(FF_FONT1,FS_BOLD);//设置值字体
    $p1->SetValueType(PIE_VALUE_ABS);//设置显示类别
    $p1->SetLabels(array('man%d','woman%d'));
    $p1->SetLegends(array('man%d%%','woman%d%%'));
    $p1->SetTheme("water");//设置主题
    $p1->SetCenter(0.5,0.5);//设置饼图位置
    $jp->Add($p1);//增加合并样式
    $jp->Stroke();//输出图形到浏览器
?>
```

JPGraph默认对中文的支持很少，在使用JPGraph做中文处理时，请到参考手册中进行确认，本书所使用3.07版本支持的中文有FF_SIMSUN和FF_CHINESE。它们的字体库分别为SIMSUN.TTC、BKAIOOMP.TTF。在指定了字体库路径的前提下，确保系统的字体库中存在上述两种字体。在做中文处理时，只能用上述两种字体显得太少，不灵活，下面介绍两种设定中文字体的方法。

• 修改字体配置文件jpgraph.ttf.inc.php

打开字体配置文件，打开CHINESE_TTF_FONT常量的定义，将其定义为用户所希望使用的中文字体文件名。代码如下：

```
define('CHINESE_TTF_FONT','STFANGSO.TTF');
```

使用时，只需写出其名字即可，如xx->setFont(FF_CHINESE)。制作男女饼图的案例采用此种方法后的代码如下：

```
<?php
    require_once("jpgraph/jpgraph.php");
    require_once("jpgraph/jpgraph_pie.php");
    $jp=new PieGraph(400,400);
    $jp->title->setFont(FF_CHINESE,FS_NORMAL,16);
    $jp->legend->setFont(FF_CHINESE,FS_NORMAL,16);
    $jp->legend->Pos(0.5,0.82,"center","left");
    $jp->title->Set("男女生人数分布");
    //$jp->lengend->setFont(FF_CHINESE);
```

```
    $data =array(21,39);
    $p1 = new PiePlot($data);
    $p1->value->Show(true);
    $p1->value->setFont(FF_CHINESE,FS_NORMAL,12);
    $p1->SetValueType(PIE_VALUE_ABS);
    $p1->SetLabels(array('男%d人','女%d人'));
    $p1->SetLegends(array('男%d%%','女%d%%'));
    $p1->SetTheme("water");
    $p1->SetCenter(0.5,0.5);
    $jp->Add($p1);
    $jp->Stroke();
?>
```

其运行效果如图5.7所示。

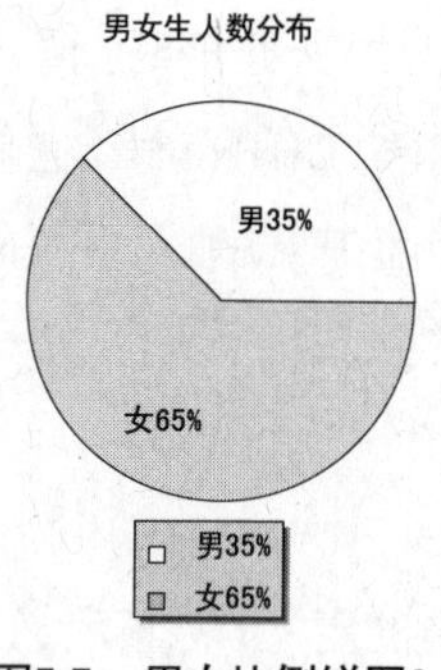

图5.7　男女比例饼图2

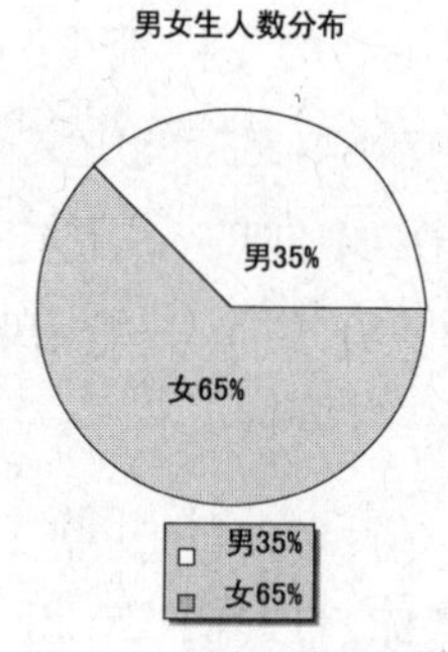

图5.8　男女比例饼图3

• 用户自定义字体

自定义用户字体前，请确认设置了字体库路径，使用相应对象的setUserFont(字体文件名)即可，调用时只需用xxx-setFont(FF_USERFONT)。如用户想将华文楷体作为输入字体，在系统字库中找出华文楷体文件名“STKAITI.TTF”。在上一个案例中添加一条代码：

```
$jp->setUserFont("STKAITI.TTF");
```

在相应设置字体的地方，填写为FF_USERFONT即可，如：

```
$jp->title->setFont(FF_USERFONT,FS_NORMAL,16);
$jp->legend->setFont(FF_USERFONT,FS_NORMAL,16);
```

其运行效果如图5.8所示。

关于JPGraph的类库中还有很多图形类，这里就不一一列举，如果需要使用某一种效果，可查看帮助手册或sample样例。

5.6 能力拓展

5.6.1 生成图片缩略图

准备一张分辨率较大的图像，将其放置到相应位置，如big.jpeg。

（1）从现有图像创建图像资源并获取相应信息，代码如下：

```
<?php
    /*从现有图像创建图形图像资源*/
    $src=imagecreatefromjpeg("d:/big.jpg");
    $width =imagesx($src);//获取图像宽度
    $height=imagesy($src);
…
?>
```

（2）创建缩放图像资源，代码如下：

```
$dst =imagecreatetruecolor($width*0.2,$height*0.2);
```

（3）采集缩放图像并输出，代码如下：

```
imagecopyresampled($dst,$src,0,0,0,0,$width*0.2,$height*0.2,$width,$height);
imagejpeg($dst,"d:/small.jpg");
```

在实际的商业项目中，一般都要将较大的上传图像进行缩放压缩，请学生自行编写缩略图生成的函数，并将其运用在任务一的添加图片案例中。

5.6.2 添加图片文字水印

准备一张分辨率较大的图像，将其放置到相应位置，如big.jpeg。代码如下：

```
<?php
    /*从现有图像创建图形图像资源*/
    $src=imagecreatefromjpeg("d:/big.jpg");
    $waterstring="www.zdsoft.cn";//水印字样
    $white=imagecolorallocate($src,255,255,255);//分配颜色
    imagestring($src,5,10,10,$waterstring,$white); //添加水印
    imagejpeg($src,"d:/waterpic.jpg");
?>
```

在实际的商业项目中，为了防止本站的图片被盗用，一般都要将本站上传的图片添加上域名等信息作为水印表示版权，请学生自行编写制作水印的函数，并将其运用在任务一的添加图片案例中。

5.6.3 多文件上传

(1)多文件上传表单制作multiFileUp.php，其界面如图5.9所示。制作界面，并将文件域name 属性值设为“file[]”，表单action属性值设为“doMultiFileUp.php”，enctype属性值设为“multipart/form-data”。

多文件上传

文件1： 浏览…

文件2： 浏览…

文件3： 浏览…

上传 取消

图5.9 多文件上传

(2)处理多文件上传页面 doMulitFileUp.php，代码如下：

```
<?php
    $savepath="./upload/";
    $files=$_FILES['file'];
    foreach($files['name'] as $k=>$v)
    {
            if($files['error'][$key]==0)
            {
                    $src = $files['tmp_name'][$k];
                    $dst =$savepath.$files['name'][$k];
                    move_uploaded_file($src,$dst);
            }
    }
?>
```

5.6.4 使用JPGraph绘制柱形图

制作个人年度收支情况柱形图，其图形效果如图5.10所示。

(1)引入绘制图形类文件jpgraph.php和jpgraph_bar.php，代码如下：

```
<?php
    require_once("jpgraph/jpgraph.php");
    require_once("jpgraph/jpgraph_bar.php");
…
?>
```

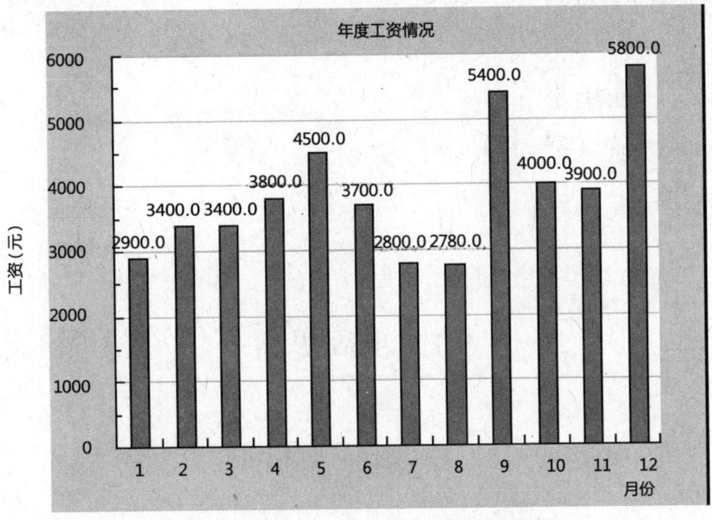

图5.10 个人年度收支柱形图

(2) 创建柱形图数据，代码如下：

```
<?php
$date:array(2900,3400,3400,3800, 4500,3700,2800,2780,5400,4000,3900,5800);
…
?>
```

(3) 创建图形和柱形图，代码如下：

```
<?php
    $jp = new Graph(400,300);
    $jp->SetScale("textlin");//设置标尺类型
    $jp->img->SetMargin(40,30,20,40);//设置边距
    $bar = new BarPlot($data);//创建柱形图
    $bar->SetFillColor("green");
    $bar->value->show();//显示数字
    $jp->add($bar);//将柱形图添加到图像
…
?>
```

(4) 设置图形标题字体，代码如下：

```
<?php
    $jp->title->SetFont(FF_CHINESE,FS_NORMAL,12);
    $jp->yaxis->title->SetFont(FF_CHINESE,FS_NORMAL,10);
    $jp->xaxis->title->SetFont(FF_CHINESE,FS_NORMAL,10);
…
?>
```

(5) 设置图形及坐标标题，代码如下：

```
$jp->title->set("年度工资情况");
$jp->xaxis->title->set("月份");
$jp->yaxis->title->set("工资（元）");
$jp->Stroke();
?>
```

5.7 巩固提高

1.选择题

(1) GD库是(　　)。

A. PHP处理图形的函数库　　B. 数据库

C. PHP处理数组的扩展库　　D. PHP处理表单的扩展库

(2) 要激活GD库，必须修改的配置文件是(　　)。

A. php.index　B. php.dll　C. php.ini　D. index.php

(3) 创建一个宽200像素、高60像素的画布，并且设置成画布背景颜色RGB值为(225, 66,159)，最后输出一个GIF格式的图像，代码如下：

```
<?php
$im=__________(200,60);、
$white=imagecolorallocate($im,225,66,159);
imagegif($im);
?>
```

代码中的横线处应当选择(　　)函数。

A. imagecreatefromgif　B. imagecreate　C. create　D. image

(4) 下面(　　)函数可以打开一个文件，用于对文件进行读和写操作。

A. fget()　B. file_open()　C. fopen()　D. open_file()

(5) file()函数返回的数据类型是(　　)。

A. 数组　B. 字符串　C. 整型　D. 根据文件来定

(6) 以下(　　)选项不是MIME类型的一种。

A. image/jpeg　B. application/msexcel

C. audio/mpeg　D. image/txt

(7) 函数________能读取文本文件中的一行。读取二进制文件或者其他文件时，应当使用_______函数。(　　)

A. fgets(), fseek()　B. fread(), fgets()　C. fputs(), fgets()

D. fgets(), fread()　E. fread(), fseek()

2.填空题

（1）要从现有的jpeg图形中创建图形，应当使用______函数。

（2）要对图片进行缩放，要求保持高精度和清晰度，应当使用______函数。

（3）要获取图像的大小，应当使用______函数。

（4）要绘制中文字符串，应当使用______函数。

（5）抓取远程图片到本地，可以使用______函数。

（6）要制作文件上传表单，表单必须增加______属性，其值应为______。

（7）文件指针能在PHP脚本结束时自动关闭，但也可以用______函数关闭。

（8） 能够读写常规文件中的二进制数据的函数是______，该函数返回的资源能被fgets()使用。

3.简答题

（1）简述PHP实现验证码的步骤和原理。

（2）简述生成缩略图的原理。

（3）详细描述PHP处理Web上传文件的流程。如何限制上传文件的大小不能超过某个数值？

4.课外练习

（1）下载学校的Logo，使用PHP程序将学校的Logo制作为某一张图片的水印。

（2）使用文件操作函数，递归读取系统某一路径下的文件和文件夹。

学习情境6 CMS网站管理系统

6.1 任务引入

CMS（Content Management System，内容管理系统）是一个很宽泛的概念。从商业门户网站的新闻系统到个人的博客都可以称作发布系统，其重点还是在于对内容的管理。本学习情境主要通过一个简易CMS网站后台管理系统的几个模块的学习，巩固前面所学知识，并初步了解软件系统开发的基础知识。

6.2 任务分析

6.2.1 任务目标

本学习情境以一个简易的CMS企业管理系统为基础，对其做简要的需求分析，让学员了解系统的基本开发步骤，并对软件开发有初步的了解，同时巩固前面所学技能。通过本学习情境的学习，学生应达到如下目标：

- 了解和认识项目开发文档中的基本图形；
- 了解项目开发的基本过程；
- 了解项目编码规范；
- 掌握PHP技术的综合运用。

6.2.2 设计思路

本学习情境以一个简易企业CMS系统为载体，将前面5个学习情境所涉及的知识和技能综合运到本系统中，通过此学习情境掌握PHP基本技能的综合运用，并初步了解项目开发的基本流程和规范，在知识拓展和能力拓展中引入了PHP开源CMS系统，并简述了常用开源CMS的基本配置和使用，让学生对软件系统有进一步的认识和理解。本学习情境在学生具有一定基础的情况下，可以学生为主，教师为辅进行练习。本学习情境任务组成：

☆**任务1**：制作系统共用文件。
☆**任务2**：制作管理员登录功能。
☆**任务3**：制作栏目管理。
☆**任务4**：制作新闻栏目管理。
☆**任务5**：制作首页展示栏目。

此学习情境简要需求分析和设计文档：

（1）网站首页结构图，如图6.1所示。

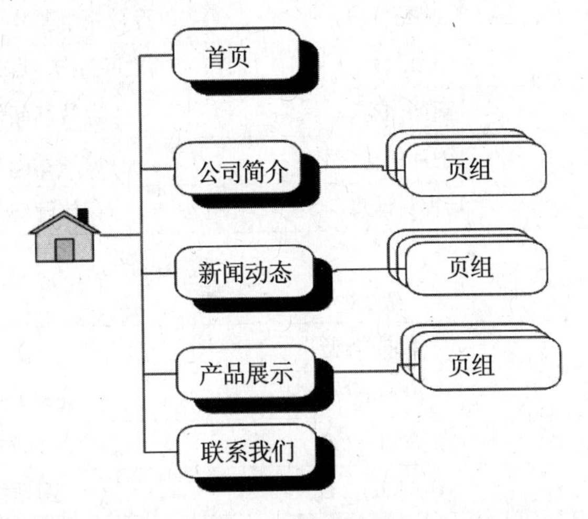

图6.1 首页结构图

（2）后台系统用例图如图6.2所示。

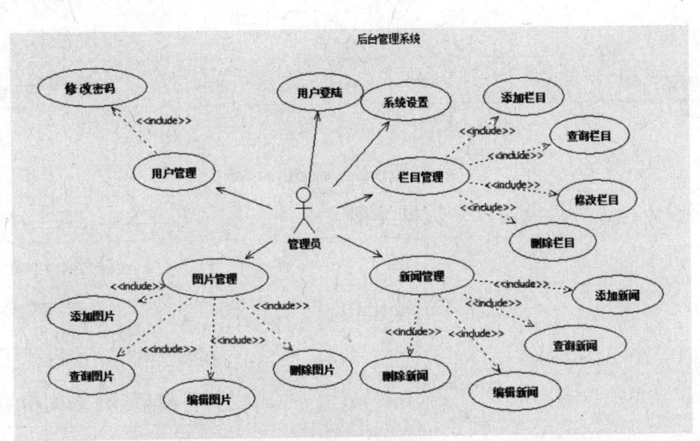

图6.2 后台系统用例图

（3）系统E-R图 如图6. 3所示。

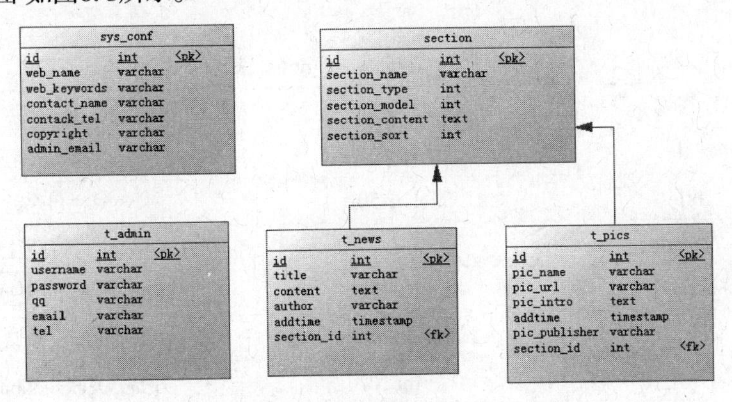

图6.3 系统E-R图

(4)系统数据字典见表6.1~表6.6。

表6.1 系统表说明

表 名	描 述	备 注
sys_conf	系统配置表	存放系统基本共用信息
section	栏目表	栏目名称、类别等信息
t_news	新闻内空	存放新闻信息
t_pic	图片信息	存放展示图片信息
t_admin	管理员信息	存放管理信息

表6.2 sys_conf表

字段名	数据类型	备 注
id	int	主键，自动递增
web_name	Varchar(50)	网站名称
web_keywords	Varchar（255）	网站关键词
contact_name	Varchar(50)	联系人
contact_tel	Varchar（15）	联系电话
copyright	Text	版权信息
admin_email	Varchar（50）	管理员E-mail

表6.3 section表

字段名	数据类型	备 注
id	int	主键，自动递增
section_name	Varchar(50)	栏目名称
section_type	int	网站类型，0：例表栏目，1：最终栏目
section_model	Int	栏目模型，0：新闻模型，1：图片模型
section_content	text	栏目内容
section_sort	Text	栏目排序，默认值为0

表6.4 t_news 表

字段名	数据类型	备 注
id	int	主键，自动递增
title	Varchar(50)	栏目名称
content	text	网站类型，0：例表栏目，1：最终栏目
author	Varchar(50)	栏目模型，0：新闻模型，1:图片模型
addtime	timestamp	添加时间，默认default
section_id	int	外键，关联section 表id 栏

表6.5　t_pic表

字段名	数据类型	备　注
id	int	主键，自动递增
pic_name	Varchar(50)	图片名称
pic_url	Varchar(255)	图片站点相对路径
pic_intro	text	图片说明
addtime	timestamp	添加时间，默认default
pic_pubisher	Varchar(50)	发布人
section_id	int	外键，关联section 表id 栏

表6.6　t_admin 表

字段名	数据类型	备　注
id	int	主键，自动递增
username	Varchar(50)	管理用户名
password	Varchar(50)	管理密码，使用md5加密
qq	Varchar(15)	管理员qq
email	Varchar(50)	管理员E-mail
tel	Varchar(15)	管理员联系电话

温馨提示

在开发系统案例前，创建好数据库，如cms 后，依照数据字典，完成系统相关表格创建。

(5)站点目录规范：

--index.php: 前台首页。

…*.php: 前台程序组页面。

--admin: 后台文件夹。

--index.php : 后台管理首页。

…*.php: 后面程序组页面。

--inc: 存放共用文件(conn.php、functions.php…)。

--public

--fckeditor: 在线编辑器文件夹。

--uploads: 保存上传文件夹。

--images: 系统模板图片文件夹。

--css: 存放*.css 样式文件。

--scripts: 存放*.js javascript 文件。

6.3 任务实施

任务1 制作系统共用文件

(1)数据库连接共用代码 conn.php, 代码如下:

```
<?php
    /*存放数据库连接共用代码*/
    $link =mysql_connect("localhost","root","123");
    mysql_select_db("cms",$link);
    mysql_query("set names utf8");
?>
```

(2)校验用户登录程序代码checkLogin.php, 代码如下:

```
<?php
    session_start();
    require_once("functions.php");
    if(!$_SESSION['usr'] || !isset($_SESSION['usr']))
    {
            jump("请选登录","/login.php",0);
            exit();
    }
?>
```

(3)共用函数库文件编写 functions.php, 代码如下:

```
<?php
    /*存放共用函数库*/
    function jump($msg,$url,$status=1)
    {
            $str="green";
            if($status==0)
            {
                    $str="red";
            }
```

```
echo "<meta http-equiv='refresh'
content='3;url=".$url."'/>
<span style='color:".$str."'>".$msg."!</span>3秒后自动跳转，如未请<a href='".$url."'>点击
</a>";
    }
?>
```

(4) 验证码生成文件 code.php，代码如下：

```
<?php
    //1.随机字符串生成(长度，内容组成)
    $a=array(0,1,2,3,4,5,6,7,8,9,'a','b','c','d','e','A','B','C','D');//存放随机字符
    $str ="";
    for($i=1;$i<=4;$i++)
    {
            $str.=$a[rand(0,18)];
    }
    //2.将随机字符串生成图形
    header("content-type:image/jpeg");
    $im =imagecreatetruecolor(100,25);
    $black =imagecolorallocate($im,0,0,0);
    $white=imagecolorallocate($im,255,255,255);
    imagestring($im,5,20,5,$str,$white);
    imagejpeg($im);
    //3.将随机字符串放入session
    session_start();
    $_SESSION['code']=$str;
?>
```

任务2 制作管理员登录功能

(1) 管理员登录用例描述：

用例名称：管理员登录

用例事件：管理员使用管理系

主要事件流程：

①管理员打开后台登录页，输入用户名、密码、验证码后提交表单。

②处理程序获取用户提交数据，进行用户合法性校验，如校验成功，提示信息并跳转后台管理页面；提示错误信息并跳转至登录页面。

替代流程：

校验用户输入验证码，如验证码输入正确，进入事件②，否则提示错误信息并跳转用户登录界面。

（2）管理员登录界面如图6.4所示。

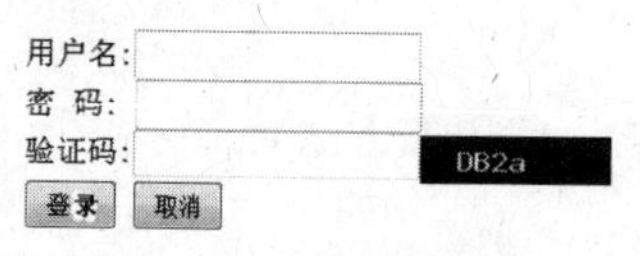

图6.4　管理员登录界面

管理员登录界面参考代码如下：

```
<?php session_start()?>
<html>
   <head>
            <title>管理员登录</title>
            <script type="text/javascript">
            window.onload=function(){
                    var code=document.getElementById("code");
                    code.onclick=function(){
                    this.src="inc/code.php?str="+new Date().toString();
                    }
            }
            </script>
   </head>
   <style>
            img{vertical-align:middle;}
            input{height:25px;}
   </style>
   <body>
  <h1>管理员登录</h1>
   <form action="doLogin.php">
            用户名:<input type="text" name="usr"/><br/>
            密　码:
            <input type="password" name="pwd"/><br/>
            验证码:<input type="text" name="rcode"/><img src="/inc/code.php"
id="code"/><br/>
```

```
<input type="submit" value="登录"/>
<input type="reset" name="button" id="button" value="取消">
  </form>
  </body>
</html>
```

温馨提示

在实际商业中，如上述代码中加粗斜体的验证码刷新javascript 代码，一般都将其放在一个外部*.js文件中，通过外部引入。

(3) 处理用户登录程序doLogin.php，代码如下：

```
<?php
  /*处理用户登录*/
  session_start();//开启session
  require_once("inc/conn.php");//引入数据库连接文件
  require_once("inc/jmp.php");
  //1.获取用户提交信息
  $name =$_POST['usr'];
  $pwd =md5($_POST['pwd']);
  $rcode=$_POST['rcode'];
  $vcode=$_SESSION['code'];
  //2.进行相应判断
  if($rcode!=$vcode)
  {
          jump("验证码错误","login.php",0);
  }
  else
  {
          //3.将用户名和密码放入数据库进行验证
          $sql ="select * from t_user where username='$name' and password='$pwd'";
          $rs =mysql_query($sql);
          if(mysql_num_rows($rs))
          {
$_SESSION['usr']=$name;//保存用户名
```

```
                jump("登录成功","admin/index.php");
            }
            else
            {
                jump("登录失败","login.php",0);
            }
        }
    ?>
```

任务3 制作栏目管理

1.添加栏目

（1）添加栏目用例描述：

用例名称：添加栏目

前置事件：管理员登录

用例事件：增加系统栏目

主要事件流程：

①管理员打开添加栏目表单，输入或选择栏目相关信息并提交表单。

②处理程序获取用户提交数据，并保存用户数据，如保存成功，提示信息并跳转后台管理页面；提示错误信息并跳转至添加栏目页面。

替代流程：

校验用户输入的有效性，如不能为空，名字规则等。

（2）添加栏目界面制作addSection.php，如图6.5所示。

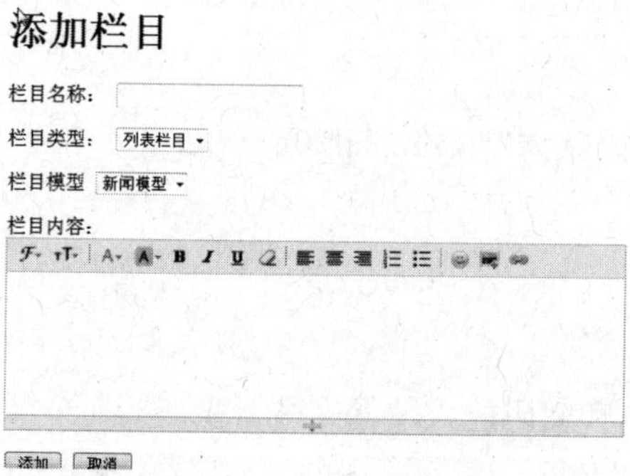

图6.5 添加栏目界面

温馨提示

添加栏目界面中使用了KindEditor 网络在线编辑器的简易配置，具体配置与使用详见知识拓展FCKEditor，也可自行参看KindEdiotr 插件smaples中的sample.html 案例代码。

(3) 处理添加栏目程序代码编写doAddSection.php，代码如下：

```
<?php
    /*引入所需共用文件*/
    require_once("../inc/conn.php");
    require_once("../inc/functions.php");
    /*获取用户提交信息*/
    $name =$_POST['name'];
    $section_type=$_POST['section_type'];
    $section_model=$_POST['section_model'];
    $content=stripslashes($_POST['content']);
    /*添加用户数据*/
    $sql="insert into section
(section_name,section_content,section_type,section_model)
values('$name','$content','$section_type',$section_model)";
    mysql_query($sql) or die(mysql_error());
    if(mysql_affected_rows())
    {
            jump("添加成功","mgrSection.php");
    }
    else
    {
            jump("添加失败","mgrSection.php",0);
    }
?>
```

2.查询栏目

查询栏目信息（mgrSection.php），其界面如图6.6所示。

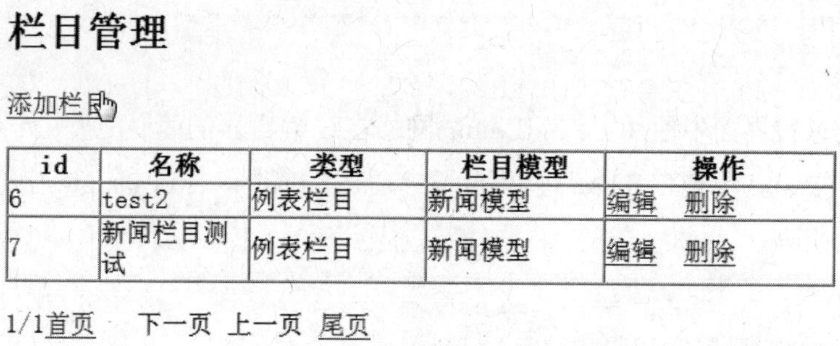

栏目管理

添加栏目

id	名称	类型	栏目模型	操作
6	test2	例表栏目	新闻模型	编辑 删除
7	新闻栏目测试	例表栏目	新闻模型	编辑 删除

1/1首页 下一页 上一页 尾页

参考代码如下：

```
<?php        require_once("../inc/checkLogin.php");?>
<html>
<head>
<meta http-equiv="Content-Type" content="text/html; charset=utf-8" />
<title>栏目管理</title>
</head>
<body>
<?php
    /*引入共用文件*/
    require_once("../inc/conn.php");
    /*定义分页查询所需信息*/
    $pagesize=2;
if(!$_GET['p'] || !isset($_GET['p']))
    {
            $page=1;
    }
    else
    {
            $page=$_GET['p'];
    }

    $sql ="select count(id) from section";
    $rs = mysql_query($sql);
    $row =mysql_fetch_array($rs);
    $totalnumber =$row[0];
    $totalpage=ceil($totalnumber/$pagesize);
```

```
    /*查询当前页数据*/
    $jump =($page-1)*$pagesize;
    $sql ="select id,section_name,section_type,section_model from section limit
$jump,$pagesize";
    $rs =mysql_query($sql);
  ?>
  <h2>栏目管理</h2>
  <p><a href="addSection.php">添加栏目</a></p>
  <table width="508" border="1" cellspacing="0" cellpadding="0">
   <tr>
     <th width="56" scope="col">id</th>
     <th width="90" scope="col">名称</th>
     <th width="105" scope="col">类型</th>
     <th width="107" scope="col">栏目模型</th>
     <th width="138" scope="col">操作</th>
   </tr>
   <!--显示当前页数据-->
   <?php
            while($row =mysql_fetch_array($rs,2))
            {
   ?>
   <tr>
     <td><?=$row[0]?></td>
     <td><?=$row[1]?></td>
    <td><?php  if($row[2]==0){echo "例表栏目";}else{echo "最终栏目";}?></td>
     <td><?php if($row[2]==0){echo "新闻模型";}else{echo "图片模型";}?></td>
     <td><a href="editSection.php?id=<?=$row[0]?>">编辑</a> 
   <a href="delSection.php?id=<?=$row[0]?>">删除</a></td>
   </tr>
   <?php
            }
   ?>
   <!--显示当前页数据结束-->
  </table>
  <p>
```

```
<!--分页导航及控制-->
  <?=$page?>/<?=$totalpage?><a href="/">首页</a>
  
 <?php
            if($page<=1)
            {
 ?>
 下一页
 <?php
            }
            else
            {
?>
 <a href="?p=<?=$page+1?>">下一页</a>  
<?php
            }
?>
<?php
            if($page>=$totalpage)
            {
?>
上一页
<?php
            }else    {
?>
 <a href="?p=<?=$page-1?>">上一页</a>  
<?php
            }
?>
 <a href="?p=<?=$totalpage?>">尾页</a>  
<!--分页导航及控制结束-->
</p>
</body>
</html>
```

3.删除栏目

（1）删除栏目用例描述：

用例名称：删除栏目

用例事件：管理员单击删除栏目操作

主要事件流程：

①管理员打开用户管理页面，单击删除对应栏目。

②处理程序获取删除栏目id，进行条件删除，如删除成功，提示信息并跳转后台管理页面；失败提示错误信息并跳转栏目管理页面。

替代流程：

删除栏目时，可选择是否删除栏目下对应内容数据，本案例没实现此功能，学生可根据需要自行选择是否增加此流程。

（2）删除栏目程序代码 delSection.php，代码如下：

```
<?php
    require_once("../inc/checkLogin.php");
    require_once("../inc/conn.php");
    require_once("../inc/functions.php");
    $id=$_GET['id'];
    $sql ="delete from section where id=$id";
    mysql_query($sql);
    if(mysql_affected_rows())
    {
            jump("删除成功","mgrSection.php");
    }
    else
    {
            jump("删除失败","mgrSection.php",0);
    }
?>
```

4.编辑栏目

（1）编辑栏目用例描述：

用例名称：编辑栏目

前置事件：管理员登录

用例事件：单击编辑栏目操作

主要事件流程：

①编辑栏目页获取编辑栏目id条件查询出编辑栏目信息，并放入编辑栏目表单。注：id 放入隐藏域。

②处理程序获取编辑提交数据，对数据进行条件更新，如更新成功，提示信息并跳转后台管理页面；提示错误信息并跳转至管理栏目页面。

替代流程：

对栏目类型、栏目模型进行判断，将原有栏目类型、模目模型设为默认选中。

（2）编辑栏目界面如图6.7所示。

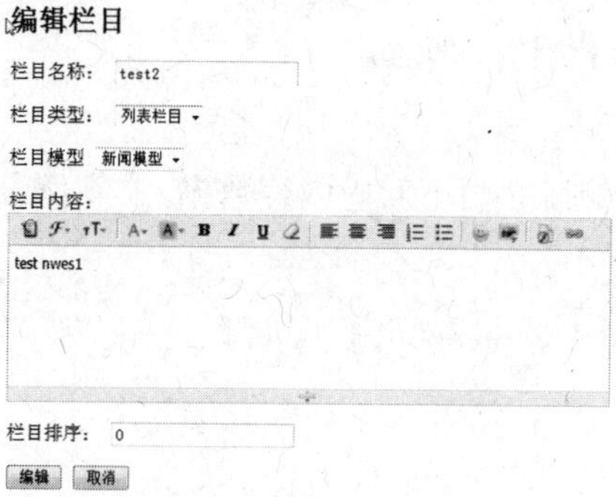

图6.7　编辑栏目界面

（3）编辑用例代码 editSection.php，代码如下：

```
<body>
<?php
    require_once("../inc/conn.php");
    $id=$_GET['id'];
    $sql="select section_name,section_type,section_model,section_content,section_sort from section where id=$id";
    $rs=mysql_query($sql);
    $row=mysql_fetch_array($rs);
?>
<h2>编辑栏目</h2>
<form method="post" action="doEditSection.php">
 <p>栏目名称：
  <label for="name"></label>
  <input type="hidden" name="id" value="<?=$id?>"/>
 <input type="text" name="name" id="name" value="<?=$row[0]?>"/>
 </p>
 <p>栏目类型：
  <label for="section_type"></label>
  <select name="section_type">
```

```
<option value="0" <?php if($row[1]==0){?>
selected="selected"<?php   }?>>列表栏目</option>
<option value="1"<?php if($row[1]==1){?>
selected="selected"<?php }?>>最终栏目</option>
</select>
</p>
<p>栏目模型:
<label for="section_model"></label>
<select name="section_model" id="section_model">
<option value="0" <?php if($row[2]==0){?>
selected="selected"<?php   }?>>新闻模型</option>
<option value="1" <?php if($row[2]==1){?>
selected="selected"<?php   }?>>图片模型</option>
</select>
</p>
<p>栏目内容:
<label for="desc"></label>
<textarea   name="content"   id="desc"   style="width:500px; height:150px;"><?=$row[3]?></
textarea>
</p>
<p>栏目排序:
<label for="sort"></label>
<input type="text" name="sort" value="<?=$row[4]?>" />
</p>
<p>
<input type="submit" name="button" id="button" value="编辑" />
<input type="reset" name="button2" id="button2" value="取消" />
</p>
</form>
</body>
```

(4) 处理编辑栏目(doEditSection.php):

用例名称: 编辑栏目

前置事件: 管理员登录

用例事件: 单击编辑栏目操作

主要事件流程:

①获取编辑栏目信息。

②依据栏目id 进行条件更新。

替代流程:

错误提示:当发生错误时,完成相应错误提示。

参考代码如下:

```
<?php
    /*引入共用文件*/
    require_once("../inc/checkLogin.php");
    require_once("../inc/conn.php");
    require_once("../inc/functions.php");
    /*获取用户提交数据*/
    $id = $_POST['id'];
    $name =$_POST['name'];
    $type=$_POST['section_type'];
    $model =$_POST['section_model'];
    $content =$_POST['content'];
    $sort =$_POST['sort'];
    /*条件更新编辑信息*/
    $sql ="update section set section_name ='$name',section_type='$type',section_
model='$model',section_content='$content',section_sort= $sort where id='$id'";
    mysql_query($sql);
    if(mysql_affected_rows())
    {
            jump("编辑成功!","mgrSection.php");
    }
    else
    {
            jump("编辑失败!","mgrSection.php",0);
    }
?>
```

任务4　制作新闻栏目管理

1.添加新闻

(1)添加新闻用例描述:

用例名称：添加新闻

前置事件：管理员登录

用例事件：单击添加新闻操作

主要事件流程：

①单击添加新闻操作跳转至添加新闻界面，查询出新闻类模型栏目放入表单选项菜单。

②用户添加新闻信息，提交表单。

③处理程序获取新闻信息，存入数据库，成功或失败提示相应信息，并跳转至新闻管理页面。

（2）添加新闻模板addNews.php制作，界面如图6.8所示。

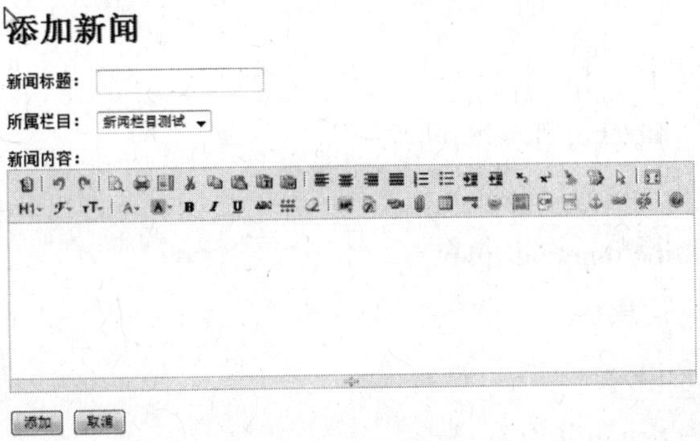

图6.8　添加新闻

新闻模型栏目参考代码如下：

```
<?php
    require_once("../inc/conn.php");
    $sql="select id,section_name from section where section_model=0";
    $rs=mysql_query($sql) or die(mysql_error());
?>
<select name="section_id" id="section_class">
  <?php
            while($row=mysql_fetch_array($rs,2))
            {
    ?>
   <option value="<?=$row[0]?>"><?=$row[1]?></option>


        <?php
            }
     ?>
   </select>
```

温馨提示

添加栏目界面中使用了KindEditor 网络在线编辑器的简易配置，具体配置与使用请详见知识拓展FCKEditor，也可自行参看KindEdiotr 插件smaples中的default.html 案例代码。

（3）处理添加新闻程序代码doAddNews.php：

```
<?php
    /*开启会话*/
    session_start();
    /*引入共用文件*/
    require_once("../inc/checkLogin.php");
    require_once("../inc/conn.php");
    require_once("../inc/functions.php");
    /*获取用户提交信息*/
    $title =$_POST['title'];
    $id=$_POST['section_id'];
$content=stripslashes($_POST['content']);
    $author=$_SESSION['usr'];
    /*添加数据*/
    $sql="insert into t_news(title,content,author,section_id) values('$title','$content','$author',$
id)";
    echo $sql;
    mysql_query($sql) or die(mysql_error());
    if(mysql_affected_rows())
    {
            jump("添加成功","mgrNews.php");
    }
    else
    {
            jump("添加失败","mgrNews.php",0);
    }
?>
```

2.查询新闻

查询新闻(mgrNews.php),模板界面如图6.9所示。

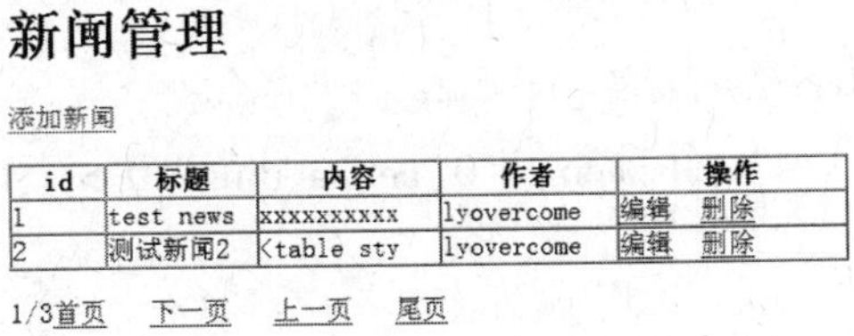

新闻管理

添加新闻

id	标题	内容	作者	操作
1	test news	xxxxxxxxxx	lyovercome	编辑 删除
2	测试新闻2	<table sty	lyovercome	编辑 删除

1/3首页 下一页 上一页 尾页

图6.9 新闻例表

参考代码如下:

```
<html>
<head>
<meta http-equiv="Content-Type" content="text/html; charset=utf-8" />
<title>新闻管理</title>
</head>
<body>
<?php
    /*引入共用文件*/
    require_once("../inc/conn.php");
    /*定义分页所需信息*/
    $pagesize=2;
    if(!$_GET['p'] || !isset($_GET['p']))
    {
            $page=1;
    }
    else
{
            $page=$_GET['p'];
    }
    $sql ="select count(id) from t_news";
    $rs = mysql_query($sql);
    $row =mysql_fetch_array($rs);
    $totalnumber =$row[0];
    $totalpage=ceil($totalnumber/$pagesize);
    /*查询当前页数据*/
    $jump =($page-1)*$pagesize;
    $sql ="select  id, title,left(content,10),author from t_news limit $jump,$pagesize";
```

```
    $rs =mysql_query($sql);
  ?>
  <h1>新闻管理</h1>
  <p><a href="addNews.php">添加新闻</a></p>
  <table width="496" border="1" cellspacing="0" cellpadding="0">
   <tr>
    <th width="56" scope="col">id</th>
    <th width="90" scope="col">标题</th>
    <th width="107" scope="col">内容</th>
    <th width="105" scope="col">作者</th>
    <th width="138" scope="col">操作</th>
  </tr>
  <!--显示当前页数据-->
  <?php
              while($row =mysql_fetch_array($rs,2))
        {
  ?>
  <tr>
   <td><?=$row[0]?></td>
   <td><?=$row[1]?></td>
   <td><?=htmlspecialchars
($row[2])?> </td>
   <td><?=$row[3]?></td>
  <td><a href="editNews.php?id=<?=$row[0]?>">编辑</a> 
  <a href="delNews.php?id=<?=$row[0]?>">删除</a></td>
  </tr>
  <?php
          }
  ?>
  <!--显示当前页数据-->
 </table>
 <p>
 <!--分页导航及控制-->
  <?=$page?>/<?=$totalpage?><a href="/">首页</a>
   
```

```
<?php
        if($page<=1)
    {
?>
下一页
<?php
    }
    else
    {
?>
<a href="?p=<?=$page+1?>">下一页</a>  
<?php
    }
?>
<?php
        if($page>=$totalpage)
    {
?>
上一页
<?php
    }
    else
    {
?>
<a href="?p=<?=$page-1?>">上一页</a>  
<?php
    }
?>
<a href="?p=<?=$totalpage?>">尾页</a>  
<!--分页导航及控制结束-->
</p>
</body>
</html></p>
</body>
</html>
```

3.编辑新闻

(1)编辑新闻用例描述:

用例名称:编辑新闻

前置事件:管理员登录

用例事件:单击新闻例表编辑新闻

主要事件流程:

①单击编辑新闻,请求editNews.php并传递新闻id。

②editNews.php依据新闻id条件查询出新闻信息,并放入编辑新闻表单。注:id 放入隐藏域。

③处理程序获取提交数据,对数据进行条件更新,如更新成功或失败,提示信息并跳转后台新闻管理页面。

替代流程:

查询出所有新闻模型类栏目,对新闻所属栏目进行判断,新闻原所属栏目应被设为默认选中。

(2)编辑新闻editNews.php,模板界面如图6.10所示。

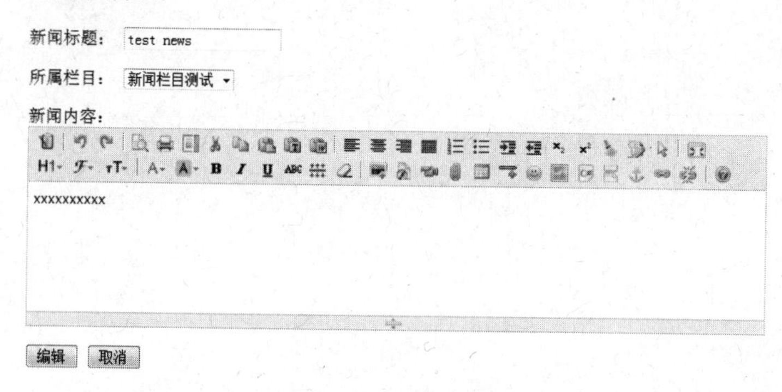

图6.10 编辑新闻

参考代码如下:

```
<?php
    /*查询当前编新闻信息*/
    require_once("../inc/conn.php");
    $id=$_GET['id'];
    $sql="select title,content,section_id from t_news where id=$id";
    $rs=mysql_query($sql) or die(mysql_error());
    $row =mysql_fetch_array($rs,2);
?>
```

```
<!—查询所有亲闻栏目并默认选中当前编辑新闻栏目→
<?php
            $sql2 ="select id,section_name from section where section_model=0";
            $rs2 =mysql_query($sql2) or die(mysql_error());
            while($row2=mysql_fetch_array($rs2,2))
            {
                    if($row[2]==$row2[1])
                    {
    ?>
?>
  <option value="<?=$row2[0]?>" selected="selected"><?=$row2[1]?></option>

  <?php
                    }
                    else
                    {
   ?>
            <option value="<?=$row2[0]?>" selected="selected"><?=$row2[1]?></option>
   <?php

                    }
            }
     ?>
  </select>
```

4.删除新闻

删除新闻程序代码(delSection.php)如下:

```
<?php
    /*引入共用文件*/
    require_once("../inc/checkLogin.php");
    require_once("../inc/conn.php");
    require_once("../inc/functions.php");
    /*获取删除新闻id*/
    $id =$_GET['id'];
    /*删除新闻*/
```

```
    $sql ="delete from t_news where id =$id";
    mysql_query($sql);
    if(mysql_affected_rows($link))
    {
            jump("删除成功","mgrNews.php");
    }
    else
    {
            jump("删除失败","mgrNews.php",0);
    }
?>
```

任务5　制作首页展示栏目

在一般的动态网站中，首页栏目导航都有规则的结构，且是一个共用文件，在此项目系统设计时，因为具有不同的栏目模型和栏目类型，所以在查询出栏目时，要选择不同的二级处理页。具体情况根据学生后期扩展自行决定，下例的代码用作新闻例表和图片展示两种情况的核心代码。具体代码参见项目代码header.php。

```
<?php
require_once("conn.php");
$sql ="select id,section_model,section_name,section_type from section";
$rs =mysql_query($sql);
var_dump(mysql_num_rows($rs));
while($row=mysql_fetch_array($rs,2))
{
        switch($row[1])
        {
                case 0:
                {
?>
<dd>
<ahref="../showNews.php?id=<?=$row[0]?>"><?=$row[2]?></a>
</dd>
<?php
                break;
```

```
                }
                case 1:
                {
?>
<dd>
<a href="../showProducts.php?id=<?=$row[0]?>"><?=$row[2]?></a>
</dd>
<?php
                break;
                }
        }
}
?>
```

6.4　任务小结

本学习情境主要讲解了简易CMS网站管理系统的基本需求分析，让学生完成了后台管理系统的4个任务及首页栏目展示，巩固了前面所学的数据库操作、分页查询、文件上传、图形图像处理等的知识和技能，还了解了一个典型的B/S系统前后台之间的关系。本学习情境即可以是教师讲授项目基本框架，学生完成能力拓展项目模块，也可作为“教、学、做”一体后期学生自习完成整个项目。下面就本学习情境所涉及的知识和技能做进一步总结。

6.4.1　UML用例

1. 统一建模语言UML

Unified Modeling Language (UML)又称统一建模语言或标准建模语言，其始于1997年的一个OMG标准，它是一个支持模型化和软件系统开发的图形化语言，为软件开发的所有阶段提供模型化和可视化支持，包括由需求分析到规格、构造和配置。 面向对象的分析与设计(OOA&D, OOAD)方法的发展在20世纪80年代末至90年代中期出现了一个高潮，UML是这个高潮时期的产物。它不仅统一了 Booch、Rumbaugh和Jacobson的表示方法，而且不断发展，并最终成为大众所接受的标准建模语言。作为一种建模语言，UML的定义包括UML语义和UML表示法两个部分。

（1）UML语义：描述基于UML的精确元模型定义。元模型为UML的所有元素在语法和语义上提供了简单、一致、通用的定义性说明，使开发者能在语义上取得一致，消除了因人而异的最佳表达方法所造成的影响。此外UML还支持对元模型的扩展定义。

（2）UML表示法：定义UML符号的表示法，为开发者或开发工具使用这些图形符号和文本语法进行系统建模提供了标准。这些图形符号和文字所表达的是应用级的模型，在语义上它是UML元模型的实例。

标准建模语言UML的重要内容可以由下列5类图（共10种图）来定义：

第一类是用例图，从用户角度描述系统功能，并指出各功能的操作者。

第二类是静态图 (Static Diagram)，包括类图、对象图和包图。类图描述系统中类的静态结构。不仅定义系统中的类，表示类之间的联系如关联、依赖、聚合等，也包括类的内部结构（类的属性和操作）。类图描述的是一种静态关系，在系统的整个生命周期都是有效的。对象图是类图的实例，几乎使用与类图完全相同的标识。他们的不同点在于对象图显示类的多个对象实例，而不是实际的类。一个对象图是类图的一个实例。由于对象存在生命周期，因此对象图只能在系统某一时间段存在。包图由包或类组成，表示包与包之间的关系。包图用于描述系统的分层结构。

第三类是行为图（Behavior Diagram），描述系统的动态模型和组成对象间的交互关系。行为图包括：状态图、活动图、顺序图和协作图。 状态图描述类的对象所有可能的状态以及事件发生时状态的转移条件。通常，状态图是对类图的补充。在实用上并不需要为所有的类画状态图，仅为那些有多个状态，其行为受外界环境的影响而发生改变的类画状态图。活动图描述满足用例要求所要进行的活动以及活动间的约束关系，有利于识别并行活动。活动图是一种特殊的状态图，它对于系统的功能建模特别重要，强调对象间的控制流程。顺序图展现了一组对象和由这组对象收发的消息，用于按时间顺序对控制流建模。用顺序图说明系统的动态视图。协作图展现了一组对象，这组对象间的连接以及这组对象收发的消息。它强调收发消息的对象的结构组织，按组织结构对控制流建模。顺序图和协作图都是交互图，顺序图和协作图可以相互转换。

第四类是交互图（Interactive Diagram），描述对象间的交互关系，包括顺序图和合作图。其中顺序图显示对象之间的动态合作关系，它强调对象之间消息发送的顺序，同时显示对象之间的交互；合作图描述对象间的协作关系，合作图跟顺序图相似，显示对象间的动态合作关系。除显示信息交换外，合作图还显示对象以及它们之间的关系。如果强调时间和顺序，则使用顺序图；如果强调上下级关系，则选择合作图。

第五类是实现图（Implementation Diagram），包括构件图、部件图和配置图。构件图描述代码部件的物理结构及各部件之间的依赖关系。一个部件可能是一个资源代码部件、一个二进制部件或一个可执行部件。它包含逻辑类或实现类的有关信息。部件图有助于分析和理解部件之间的相互影响程度。配置图定义系统中软硬件的物理体系结构。它可以显示实际的计算机和设备（用节点表示）以及它们之间的连接关系，也可显示连接的类型及部件之间的依赖性。在节点内部，放置可执行部件和对象以显示节点跟可执行软件单元的对应关系。

2. UML 用例

在传统的软件开发方法和早期的面向对象开发方法中，都是以自然语言来描述系统的功能需求。这样的做法没有一个统一的格式，缺乏描述的形式化，随意性较大，容易产生理解上的含混和不准确。当UML的设计者提出用例图（Use Case Diagram）模型后，这些问题得到了很好地解决。如果将整个软件开发过程简单划分成分析（Analysis）、设计（Design）和实现（Implemntation）这3大步骤，用例主要用在分析阶段，也就是说，用例是一种系统分析技术。

系统分析的主要内容如下：

分析——是为了说明系统是什么（what），即搞清楚我们要开发一个什么样的系统，并说明这个系统会做哪些事。

设计——是为了说明系统如何工作（how），即说明系统应该如何逐步地做到在需求分析阶段所承诺的事情。

实现——就是按照系统设计，真正地开始编写程序代码。

用例图的主要作用：

- 用来描述待开发系统的功能需求和系统使用场景。
- 作为开发过程的基础，驱动各阶段的开发工作。
- 用于验证与确认系统需求。

用例图（见图6.11）由如下元素组成：

角色(Actor)：也称为参与者，代表系统的用户。角色（Actor）在UML中通常以一个稻草人图符来表示。角色是用例图的一个重要组成部分，它代表参与系统交互的用户、设备或另一个系统。

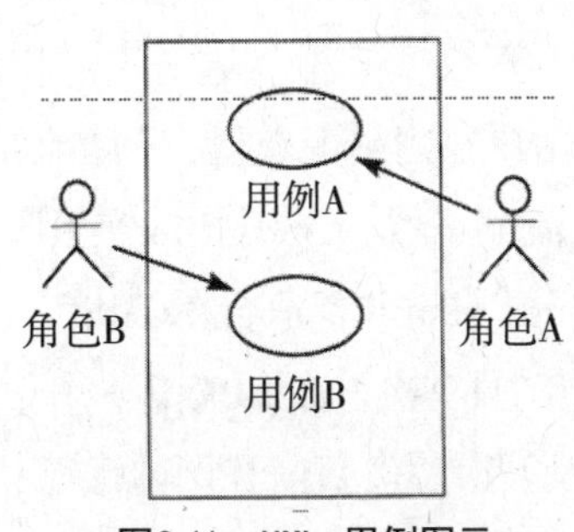

图6.11 UML 用例图示

系统边界(System Scope)：确定系统的范围。

用例(Use Case)：代表系统提供的服务。

关联(Association)：表示角色与用例间的关系。

从图6.11中可以看出，所有的用例都放置在系统边界内，表明它属于一个系统。角色则放在系统边界的外面，表明角色并不属于系统。但是角色负责直接（或间接）驱动与之关联的用例的执行。

3.用例描述

只有用例图是不够的，还需要配有用例描述，因为在用例图中的用例通常只是简单地给出了系统应提供什么服务，并没有展示出如何提供服务，如服务的具体功能、处理流程、场景、出错情况以及异常情况等信息。这就需要对用例进行更详尽的描述。用例的描述常采用文字列表形式，也可采用UML图形描述，如交互图、活动图等。RUP中提供了用例规约的模板，每一个用例的用例规约都应该包含以下内容：

- 简要说明 (Brief Description)：简要介绍该用例的作用和目的。

• 事件流 (Flow of Event): 包括基本流和备选流，事件流应该表示出所有的场景。

• 用例场景 (Use-Case Scenario): 包括成功场景和失败场景，场景主要是由基本流和备选流组合而成的。

• 特殊需求 (Special Requirement): 描述与该用例相关的非功能性需求（包括性能、可靠性、可用性和可扩展性等）和设计约束（所使用的操作系统、开发工具等）。

• 前置条件 (Pre-Condition): 执行用例之前系统必须所处的状态。

• 后置条件 (Post-Condition): 用例执行完毕后系统可能处于的一组状态。

6.4.2 在线编辑器

1.在线编辑器简介

在线编辑器又称网络编辑器，是一种通过浏览器等对文字、图片等内容进行在线编辑修改的工具。在线编辑器一般指HTML编辑器，可以用来对网页等内容进行在线编辑修改，让用户获得“所见即所得”的效果，所以较常用于网站内容信息的编辑、发布和设置在线文档的共享等，比如新闻、博客发布等。由于其简单易用，被各种网站广泛使用，为众多网民所熟悉。

在线编辑器具有三种模式：编辑模式、代码模式和预览模式。编辑模式让用户可以进行文本、图片等内容的增加、删除和修改。代码模式用于专业技术人员查看和修改原始代码（如HTML代码等）。预览模式则用来查看最终的编辑效果。

常见的在线编辑器有FreeTextBox、CKeditor（其旧版本为FCKeditor）等。国内的优秀在线编辑器有KindEditor, eWebEditor, WebNoteEditor等。

2.KindEditor简介

KindEditor是一套开源的HTML可视化编辑器，主要用于让用户在网站上获得“所见即所得”的编辑效果，兼容IE、Firefox、Chrome、Safari、Opera等主流浏览器。KindEditor使用JavaScript编写，可以无缝接合Java、NET、PHP、ASP等程序。 KindEditor非常适合在CMS、商城、论坛、博客、Wiki、电子邮件等互联网应用上使用。自2006年7月首次发布2.0版以来，KindEditor依靠出色的用户体验和领先的技术不断扩大编辑器市场占有率，目前在国内已经成为最受欢迎的编辑器之一。

3.KindEditor使用

（1）KindEditor 插件目录如图6.12所示。

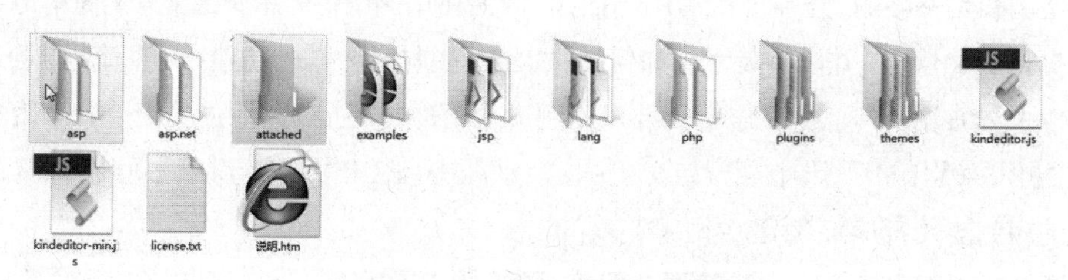

图6.12 KindEditor 目录结构图

其插件目录说明如下：

• ASP：ASP环境运用KindEditor示例，同理JSP、PHP、ASPX为相应环境运用KindEditor 示例等文件。

• Attached：KindEditor 默认上传保存附件文件夹。

• Lang：语言文件夹。

• Plugins：存放kindEditor插件文件夹。

• Themes：存放KindEditor风格主题文件夹。

• Samples：使用KindEditor 演示案例文件。

• Kindeditor.js：KindEditor 未压缩JS插件文件。

• kindeditor-min.js：KindEditor 压缩版JS插件文件。

（2）KindEditor 安装过程如下：

将KindEditor 插件文件夹放到站点目录相应位置，如public/kindeditor。

引入相KindEditor 插件js文件和相应语言文件，如：

```
<script charset="utf-8" src="/public/kindeditor/kindeditor.js"></script>
<script charset="utf-8" src="/public/kindeditor/lang/zh_CN.js"></script>
```

创建KindEditor对象，使用create方法，将要替换的表单组件替换成在线可视编辑器，代码如下：

```
<script type="text/javascript">
    var editor;
    KindEditor.ready(function(K) {
            editor = K.create('textarea[name="content"]', {
            resizeType : 1,
            allowPreviewEmoticons : false,
            allowImageUpload : true
            });
    });
</script>
```

上述代码中加粗斜体部份的意思是：将标签名为textarea，其name属性值为“content”的组件替换成在线编辑器。在线编辑器一般都提供了可自定义组件功能，如用户需自定义组件，可增加items 选项，如在栏目管理中所使用代码，参考代码如下：

```
<script type="text/javascript">
    var editor;
    KindEditor.ready(function(K) {
    editor = K.create('textarea[name="content"]', {
```

```
        resizeType : 1,
        allowPreviewEmoticons : false,
        allowImageUpload : false,
        items : ['fontname', 'fontsize', '|', 'forecolor', 'hilitecolor', 'bold', 'italic', 'underline','removeformat', '|', 'justifyleft', 'justifycenter', 'justifyright', 'insertorderedlist','insertunorderedlist', '|', 'emoticons', 'image', 'link']
        });
    });
    </script>
```

上述items数组代码中的每一个英文单词均代表一个HTML可视编辑器组件功能，用户可自行定制，全部组件名字请参看KindEditor.js 原码items 选项。

6.5 知识拓展

PHP 开源CMS系统

CMS具有许多基于模板的优秀设计，可以加快网站开发的速度和减少开发的成本，CMS的功能并不只限于文本处理，也可以处理图片、Flash动画、声像流甚至电子邮件档案。从一般的博客程序、新闻发布程序到综合性的网站管理程序都可以被称为CMS。

1. PHPCMS

PHPCMS 是国内领先的网站内容管理系统。同时也是一个开源的PHP开发框架。其主要特色如下：

（1）模块化，开源，可扩展：采用模块化方式开发，提供了自定义模型和模块开发接口，并且完全开源，便于二次开发。

（2）功能强大灵活，支持自定义模型和字段：由内容模型、会员模型、问吧、订单、财务等20多个功能模块组成，并且内置新闻、图片、下载、信息和产品5大常用模型。

（3）负载能力强，支持千万级数据：基于Phpcms团队多年的开发经验，从缓存技术、数据库设计、代码优化等多个角度入手进行优化，可内存文本，支持千万级数据量，全力保证大中型应用和长期发展。

（4）模板制作方便，支持中文标签和万能标签进行数据调用：采用MVC设计模式实现了程序与模板完全分离，支持 {tag_焦点新闻} 格式的中文标签，同时还支持万能标签，分别适合美工和程序员使用。可调用本系统数据，也可以调用其他SQL数据库，轻松实现多个网站应用程序的数据整合。

（5）拥有门户级的碎片功能，支持可视化预览和编辑：首次把门户级的碎片功能免费开源分享给中小网站，集成了权限机制，支持在后台完全可视化添加、预览和编辑，可回溯至任何历史版本，非常适合用来维护网站首页、栏目和专题页。

（6）支持推荐位功能，轻松实现网站精华内容精准投放：商业网站每天都会发布海量的资讯，但是首页和各频道首页版面有限，如果把精华内容推送至这些黄金位置是编辑每天工作的重中之重。推荐功能集成了权限机制，并且可以让编辑随时把信息推送至指定位置，也可以随时把信息从指定的位置撤下来，操作简单实用。

（7）支持订单和财务功能，拥有会员收费机制：订单系统可自动和产品模型挂接，支持在线支付、银行汇款、点卡充值等多种付款充值机制，轻松实现网店功能。可设置VIP会员包年包月服务，用户完全自助购买，并且服务到期自动取消，续费才能继续享受。

（8）可与多种系统整合，提供完整的建站方案：可与Ucenter、PHPWIND、Dvbbs等多家产品实现会员系统整合，可与支付宝、财付通、网银在线等多家支付平台实现在线支付，可生成百度地图让搜索引擎快速收录，可生成百度互联网新闻协议让百度快速收录新闻资讯，通过万能标签还能实现任何MySQL数据库的调用。

（9）融入了人性化体验：支持编辑器自动定时保存数据，可随时恢复；支持信息发布前预览，效果与实际发布相同；支持完全可视化预览和修改碎片；支持编辑器多图片上传，并可以自由裁剪缩放；前后台第一次登录都不需要输入验证码，输入错误后才需要验证码，保证了安全性的同时减少了用户操作；后台导航地图，所有功能一目了然；菜单搜索，输入关键词就会自动列出相关菜单。

（10）加强了安全机制：可进行木马扫描，让网站木马无处遁形；可更改后台入口文件名；可限制后台登录的IP范围；可限制同一账号同时多处登录；可设置连续多次后台登录失败锁定IP；可启用防刷机制，防止CC攻击；可自动屏蔽非法信息；增加了安全过滤，可防xss跨站攻击和SQL注入攻击。

2. DedeCMS

DedeCMS（织梦）以简单、实用、开源而闻名，是国内最知名的PHP开源网站管理系统，也是使用用户最多的PHP类CMS系统，经历了几年的发展，目前的版本无论在功能，还是易用性方面，都有了长足的发展和进步，DedeCMS免费版的主要目标用户锁定在个人站长，功能更专注于个人网站或中小型门户的构建，当然也不乏企业用户和学校等使用本系统。其特性如下：

（1）良好的用户口碑，丰富的开源经验：经过20万以上站长级用户群长达4年之久的广泛应用和复杂化环境检测，织梦系统在安全性、稳定性、易用性方面具有较高的声誉，备受广大站长推崇。DedeCMS采用PHP+MySQL技术开发，程序源代码完全开放，在尊重版权的前提下能极大地满足站长对于网站程序进行二次开发的需求。它是国内第一家开源的内容管理系统，自诞生以来，始终坚持开源、免费原则。

（2）灵活的模块组合，让网站更丰富：一个网站通过单一的内容发布系统是远远不能满足用户需求的，尤其在Web2.0提倡互动、分享的大趋势下，用户非常希望在传统的内容信息网站中加入问答、圈子等一些互动型的功能。但如果基于原来系统进行开发，整个系统易用性会受到影响，而使用其他系统，整个网站就不能进行一体化管理，在这种情况下，DedeCMS推出了模块的功能，用户可以像安装软件一样，下载相应的模块进行安装，网站就会增加这些特殊的功能。

(3)简单易用的模板引擎，网站界面想换就换：按照老式的网站制作流程，改版几乎等于网站重构。DedeCMS解决了这一烦恼，只需要了解它的模板标记，掌握HTML，就能随意修改模板文件，而且每次升级只需要更新模板文件即可，在很大程度上做到了程序和页面的分离。

(4)便捷自定义模型：DedeCMS为用户提供了方便快捷的用户自定义模型，可以根据用户需求创建各式各样的站点。

(5)高效的动态静态页面部署：DedeCMS为用户提供了强大的动态静态部署的功能，用户可以在后台栏目中进行统一的设置，也可以对单独的某一篇内容进行静态部署。这种静态部署最大的优势在于：减少数据库负担、降低人力维护成本；利于搜索引擎对网站的友好程度，提高搜索引擎对网站的收录量；很大程度上提高了用户访问的效率。如此，地区门户、行业网站、甚至政府部门信息类网站都免去了因为大量数据访问使得速率下降的后顾之忧。

(6)灵活的商业运营模式：DedeCMS中提供了较为完善的会员产品体系、会员等级体系、虚拟货币管理体系，还提供了较完整的支付接口方式，可以设置会员通过消费金币浏览不同内容，利于行业门户、企事业单位制定开展各种基于网站平台的商业运营方案。

(7)流畅专业界面设计，良好的用户体验：DedeCMS的界面设计遵循国际最新W3C网页设计标准，而且在IE6、IE7、火狐、Opera 等主流浏览器上都进行了测试，能够保证网站浏览的流畅、完整。

6.6 能力拓展

6.6.1 DedeCMS安装

(1)到DedeCMS官方网站(http://www.dedecms.com) 或通过其他相应网站上下载DedeCMS，选择适合于自身环境的编码压缩包，解压后的目录如图6.13所示。

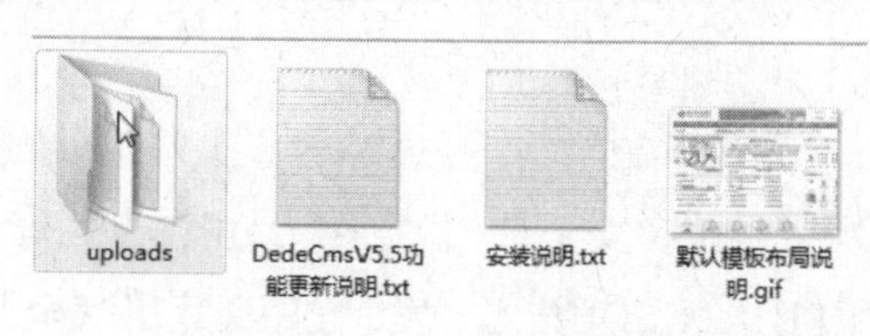

图6.13 DedeCMS解压目录

其中uploads文件夹中的文件为安装所需要的所有文件。需将uploads中的所有文件复制到服务器根目录的某一文件夹下，如DedeCMS。

(2)输入访问到DedeCMS文件夹的url地址，进入安装界面，如图6.14所示。

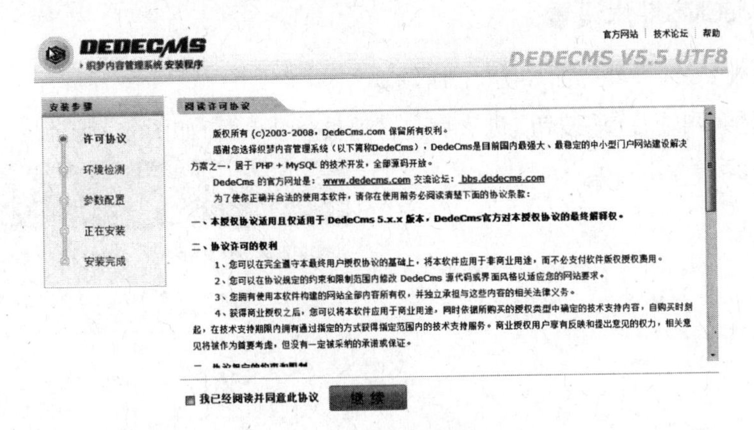

图6.14　DedeCMS安装界面

勾选“我已阅读并同意此协议”选项，单击“继续”按钮进入服务器环境检测界面，如图6.15所示。

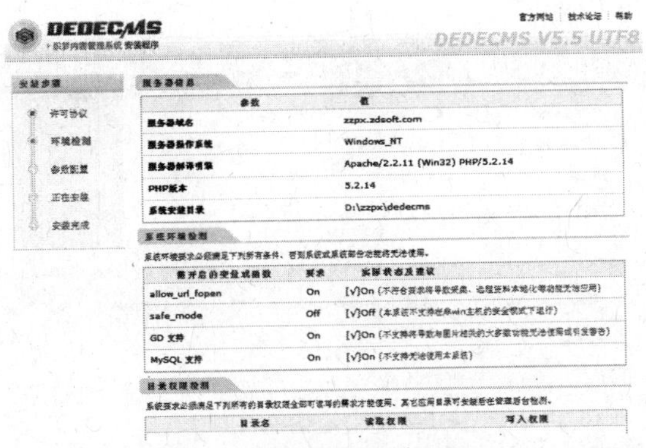

图6.15　服务器安装环境检测

（3）单击“继续”按钮，进入参数配置界面，如图6.16所示。完成数据库管理员密码、名称、后台管理员密码等信息的填写，并记住后台管理员密码，单击“继续”按钮完成安装。

数据库设定

数据库主机：localhost　一般为localhost

数据库名称：dedecmsv55utf8

数据库用户：root

数据库密码：123　信息正确

数据表前缀：dede_cms　如无特殊需要，请不要修改

数据库编码：UTF8 仅对4.1+以上版本的MySql选择

管理员初始密码

用户名：admin
只能用'0-9'、'a-z'、'A-Z'、'.'、'@'、'_'、'-'、'!'以内范围的字符

密　码：admin

Cookie加密码：EyUIm24408

网站设置

网站名称：我的网站

管理员邮箱：admin@website.com

网站网址：http://zzpx.zdsoft.com

CMS安装目录：/dedecms　在根目录安装时不必理会

后退　继续

图6.16　安装设置

6.6.2 DedeCMS基本设置

（1）完成安装后，其界面如图6.17所示。

单击“登录网站后台”按钮，进入后台管理员登录界面，如图6.18所示。

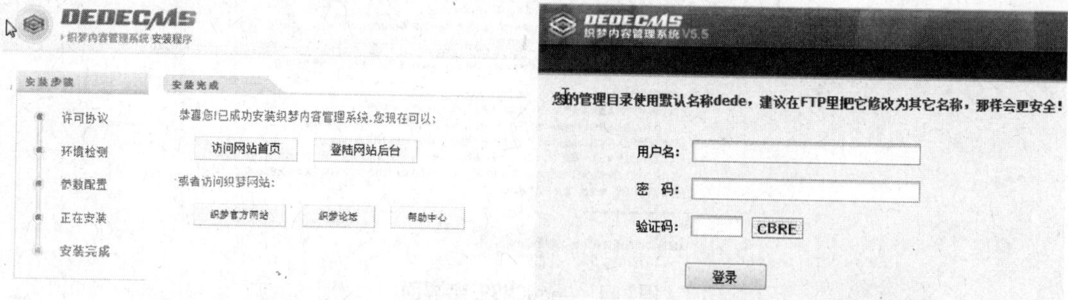

图6.17 安装成功界面

图6.18 后台登录界面

在“用户名”“密码”“验证码”输入框中输入相应内容，单击“登录”按钮进入后台管理界面，其管理菜单如图6.19所示。

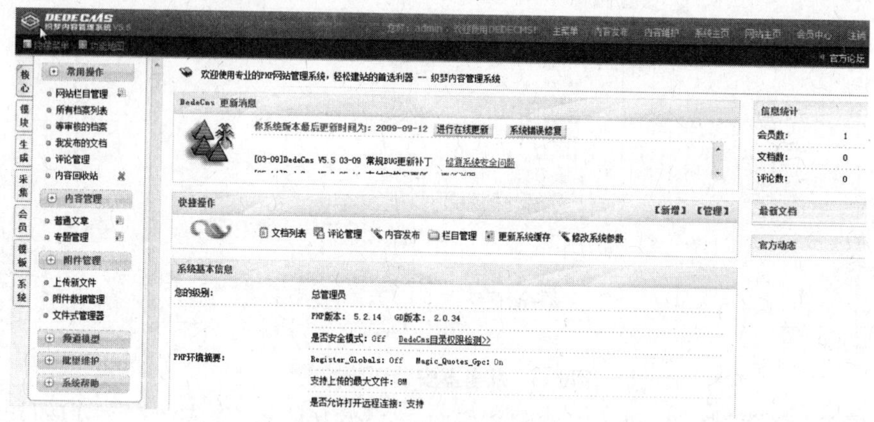

图6.19 后台管理界面

（2）选择DedeCMS左侧菜单“系统”→“系统基本参数”选项，设置网站基本信息，如图6.20所示。

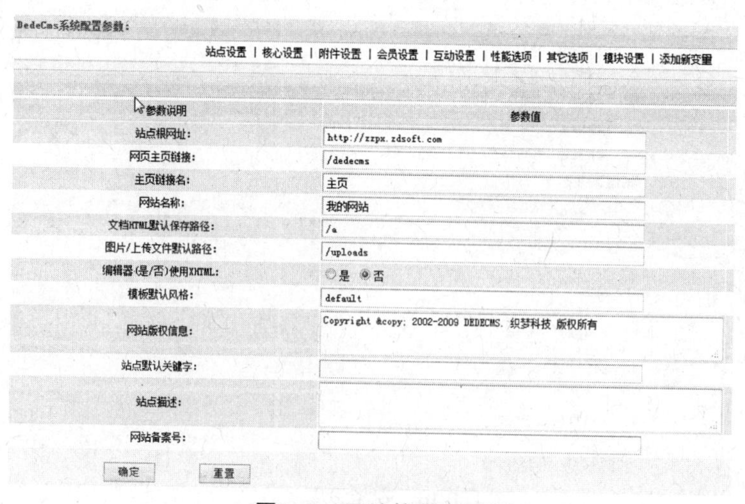

图6.20 网站基本信息设置

(3) 选择DedeCMS左侧菜单"核心"→"栏目管理"选项，如图6.21所示。

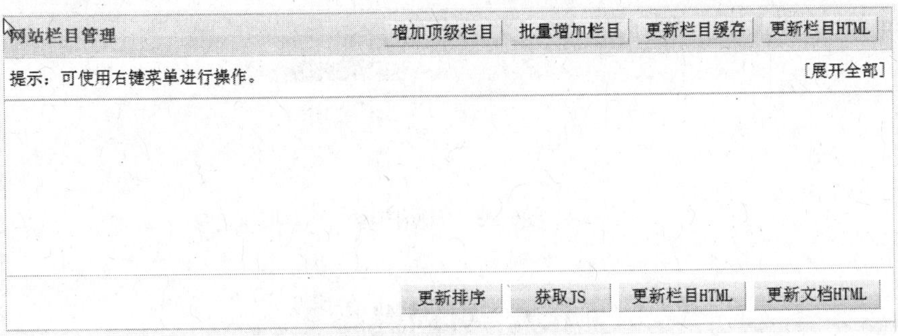

网站栏目管理　增加顶级栏目　批量增加栏目　更新栏目缓存　更新栏目HTML

提示：可使用右键菜单进行操作。　[展开全部]

更新排序　获取JS　更新栏目HTML　更新文档HTML

图6.21　网站栏目管理设置

(4) 单击"增加顶级栏目"按钮，进行顶级栏目添加，如图6.22所示，分别在"栏目名称"输入框中，输入公司简介、新闻动态、产品展示、联系我们4个顶级栏目；在"内容模型"选项框中，除"产品展示"栏目选择"图片集"外，其他选择"普通文章|article"。单击"确定"按钮，完成栏目添加。

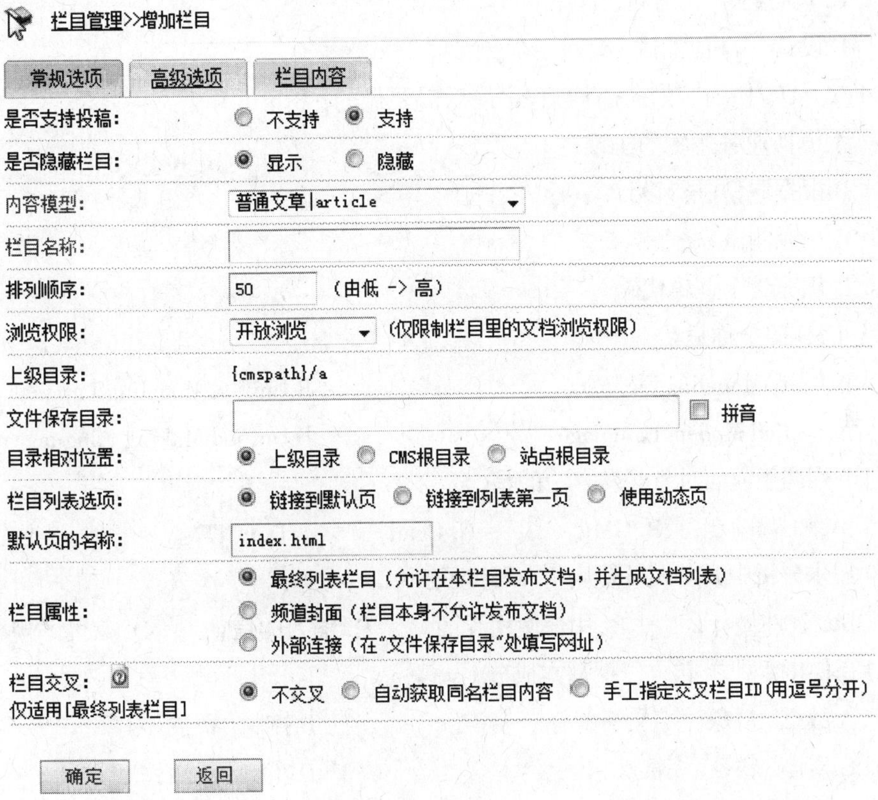

栏目管理>>增加栏目

常规选项　高级选项　栏目内容

是否支持投稿：　不支持　支持

是否隐藏栏目：　显示　隐藏

内容模型：　普通文章|article

栏目名称：

排列顺序：　50　（由低 -> 高）

浏览权限：　开放浏览　（仅限制栏目里的文档浏览权限）

上级目录：　{cmspath}/a

文件保存目录：　拼音

目录相对位置：　上级目录　CMS根目录　站点根目录

栏目列表选项：　链接到默认页　链接到列表第一页　使用动态页

默认页的名称：　index.html

栏目属性：　最终列表栏目（允许在本栏目发布文档，并生成文档列表）　频道封面（栏目本身不允许发布文档）　外部连接（在"文件保存目录"处填写网址）

栏目交叉：仅适用[最终列表栏目]　不交叉　自动获取同名栏目内容　手工指定交叉栏目ID(用逗号分开)

确定　返回

图6.22　增加栏目

(5)单击后台管理界面的“系统网站主页”超链接，查看首页显示，如图6.23所示。

图6.23　首页内容

6.7　巩固提高

1.选择题

(1)面向对象的开发步骤一般是(　　)。

A. 分析、设计、编程、测试

B. 设计、编程、测试、分析

C. 设计、测试、分析、编程

D.设计、分析、测试、编程

(2)以下4项中哪一项是设计过程中最后需要做的?(　　)

A.模拟业务逻辑的实现

B.根据原型进行设计

C.单元测试

D.填充骨干逻辑代码

(3) UML的全称是(　　)。

A.Unify Modeling Language　　B.Unified Modeling Language

C.Unified Modem Language　　D.Unified Making Language

(4)下列属于面向对象开发方法的是(　　)。

A. Booch　　B. UML　　C. Coad　　D. OMT　　E. 以上全是

(5)需求分析中开发人员要从用户那里了解(　　)。

A. 软件做什么　　B. 用户使用界面　　C. 输入的信息　　D. 软件的规模

(6)在E-R模型中，包含以下基本成分(　　)。

A.数据、对象、实体　　B.控制、联系、对象

C.实体、联系、属性　　D.实体、属性、联系

2.课外练习

(1)在此学习情境的基础上，学生自行设计一个简易的企业CMS网站，并完成项目代码的编写、整合与测试并达到商用或毕业设计的基本要求。

基本要求：系统至少要全部包含图6.2所有用例。

（2）自行学习DedeCMS标签的使用，使用DedeCMS完成一个企业展示网站的制作。

（3）在能力拓展的基础上，完成相应栏目内容的添加，并学习使用DedeCMS的标签语句，完成系统模板的修改。

（4）下载Microsoft Viso和Project，学习Visio，然后完成书中E-R图、用例图的绘制。学习使用Project完成团队项目开发计划。

学习情境7 MVC分页查询

7.1 任务引入

在前面的学习情境的所写代码中，HTML 与PHP 脚本是交织在一起的，这样会导致前端制作人员和服务器脚本编程代码在一起，不利于团队人员的分工合作及后期的维护。本学习情境将通过3个任务，让学生了解类与对象的创建与使用，并结合PHP 常用的数据库组件adodb、smarty，初步了解MVC开发模式，为以后的框架学习打好基础。

7.2 任务分析

7.2.1 任务目标

通过本学习情境的学习，学生应达到如下目标：

- 了解MVC模式和smarty 模板技术；
- 掌握PHP类与对象的创建及使用；
- 掌握adodb组件基本使用；
- 掌握smarty组件配置与使用。

7.2.2 设计思路

本学习情境是以一个分页查询为载体，通过不同方式对同一功能的完成，引出类的创建及使用，adodb数据库开源组件，smarty模板技术在MVC开发模式中的应用。通过对比，让学生对各种技术及使用优点有深刻的认识。此学习情境的任务组成：

☆**任务1**：创建类与对象。

☆**任务2**：制作adodb分页查询。

☆**任务3**：制作MVC分页查询。

在学习本学习情境前，需作如下准备工作：

（1）下载好adodb、smarty 类库组件。

（2）创建一张用于分面查询的简表 student，并向其中添加7条以上数据。

字段名	数据类型	字段说明	备 注
Id	int(4)	学生id	主键 自动增长
std_name	varchar(50)	学生姓名	不能为空
std_age	int	学生年龄	不能为空
std_sex	varchar (4)	学生性别	不能为空

7.3 任务实施

任务1 创建类与对象

如果要编写一个程序，分别表示两个学生，他们都具有各自的国籍和姓名，并输出他们的信息，如果使用以前所学知识需要分别定义两人的相关属性，再输出。有没有一种办法能将两学生的属性统一封装起来呢？下面我们将编写一个student 类,并创建其两个对象来实现这个功能。代码如下：

```
<?php
  class student
  {
        public $country;
        public $name;
        function sayHello()
        {
              echo "I am come form $this->country <br/>
              my name is:".$this->name."  how are you?<hr/>";
        }
        function study()
        {
              echo " I can study";
        }
  }
  $s1 = new student();
  $s1->country="中国";
  $s1->name='lyovercome';
  $s1->sayHello();
  $s2 = new student();
```

```
    $s2->country="美国";
    $s2->name="张三";
    $s2->sayHello();
?>
```

在上面的程序代码中，关于国家、姓名、年龄都是创建好对象后再赋值的，在实际使用时会很不方便，能不能在创建对象时就对需要初始化的属性进行赋值呢？PHP面向对象中为我们提供了构造函数的机制，用以创建对象时，对所需初始化属性进行初始化。下面对上述代码进行修改，参考代码如下：

```
<?php
    class student
    {
            public $country;
            public $name;
            function __construct($country,$name)
            {
                    $this->country=$country;
                    $this->name=$name;
            }
            function sayHello()
            {
                    echo "I am come form $this->country <br/>
                    my name is:".$this->name."  how are you?<hr/>";
            }
            function study()
            {
                    echo " I can study";
            }
    }

    $s1 = new student("中国","lyovercome");
    $s1->sayHello();
    $s2 = new student("美国","张三");
    $s2->sayHello();
?>
```

温馨提示

PHP 对象的创建使用new关键词加构造函数的形式进行创建；对象方法或属性使用的语法格式为对象名→方法名()或对象名→属性名；$this 表示的是当前对象自身。

任务2 制作adodb分页查询

(1)将adodb组件库复制至网站根目录lib 目录下，名为"adodb"。

(2)在lib 编写adodb连接数据库共用文件adoconn.php，参考代码如下：

```
<?php
    include 'adodb/adodb.inc.php';
    $db = NewADOConnection("mysql");
    $db->Connect("localhost","root","123","PHPstudy");
$db->Execute("SET NAMES 'utf8'");
?>
```

(3)创建adodb分页查询模板界面，如图7.1所示。

adodb学生基本信息分页查询

id	姓名	年龄	性别
1	张三	男	12
2	王五	女	28

1/3 首页 下一页 上一页 尾页

图7.1 adodb分页查询

界面html 参考代码如下：

```
<h3>adodb学生基本信息分页查询</h3>
<table width="378" border="1" cellspacing="0" cellpadding="0">
 <tr>
     <th width="74" scope="col">id</th>
     <th width="81" scope="col">姓名</th>
     <th width="89" scope="col">年龄</th>
     <th width="124" scope="col">性别</th>
 </tr>
 <tr>
     <td align="center" valign="middle">1</td>
     <td align="center" valign="middle">张三</td>
     <td align="center" valign="middle">男</td>
```

```
        <td align="center" valign="middle">12</td>
    </tr>
    <tr>
        <td align="center" valign="middle">2</td>
        <td align="center" valign="middle">王五</td>
        <td align="center" valign="middle">女</td>
        <td align="center" valign="middle">28</td>
    </tr>
    </table>
<p>1/3  <a href=" ">首页</a>  
<a href=" ">下一页</a>  
<a href=" ">上一页</a>  
<a href=" ">尾页</a>  </p>
```

（4）制作分页查询所需信息，代码如下：

```
<?php
    require_once("lib/adoconn.php");
    $pagesize=2;//定义每页显示记录数
    /*定义当前显示页*/
    if(!$_GET['p']|| !isset($_GET['p']))
    {
            $page=1;
    }
    else
    {
            $page=$_GET['p'];
    }
…
?>
```

（5）查询出当前页数据，代码如下：

```
$sql ="select * from student";
$rs=$db->PageExecute($sql,$pagesize,$page);
```

（6）将当前数据放入模板中，代码如下：

```
<?php
    while(!$rs->EOF)
    {
?>
```

```
<tr>
    <td align="center" valign="middle"><?=$rs->fields[0]?></td>
    <td align="center" valign="middle"><?=$rs->fields[1]?></td>
    <td align="center" valign="middle"><?=$rs->fields[2]?></td>
    <td align="center" valign="middle"><?=$rs->fields[3]?></td>
</tr>
<?php
            $rs->MoveNext();
    }
$rs->close();
    ?>
```

(7)制作分页导航及控制，代码如下：

```
<p><?=$page?>/<?=$rs->_lastPageNo?>  <a href="">首页</a>  
<?php
    if($rs->atLastPage())
    {
?>下一页  
<?php
    }
    else
    {
?>
<a href="?p=<?=$page+1?>">下一页</a>  
<?php
    }
?>
<?php
    if($rs->atFirstPage())
    {
?>
上一页  
<?php
    }
    else
    {
```

```
?>
<a href="?p=<?=$page-1?>">上一页</a>  
<?php
    }
?>
<a href="?p=<?=$rs->_lastPageNo?>">尾页</a>  </p>
```

温馨提示

• PageExecute($sql, $nrows, $page) 是adodb组件为用户提供的分页查询函数，$sql是sql的基本查询命令,$nrows是每页显示的记录数，$page是当前页。

• 在步骤（8）中，$rs->_lastPageNo中的lastPageNo属性为分页查询结果集中总页数。

• 在步骤（8）中，atFirstPage、atLastPage函数分别用以判断是不是第一页和最后一页。

任务3 制作MVC分页查询

（1）将smarty 模板组件复制至lib目录下，名为“smarty”。

（2）在站点根目下建立相应的smarty所需目录。分别在站点根目下，新建templates、templates_c、configs、cache 4文件夹。

（3）在根目录lib 文件夹下，新建一个setupsmarty.php文件，用以配置smarty 安装，代码如下：

```
<?php
    require_once("smarty/smarty.class.php");
    $smarty = new Smarty();
    $smarty->template_dir="/templates/";
    $smarty->cache_dir="/cache/";
    $smarty->config_dir="/configs/";
    $smarty->compile_dir="D:/cms/templates_c";
?>
```

温馨提示

Smarty在配置compile_dir编译路径时，compile_dir路径只能为文件相对路径和本地绝对路径；为保证compile_dir路径通用，一般采用站点绝对路径方法设置。经笔者测试验证，如template_dir、cache_dir路径设置为站点相对路径，而不设置complite_dir编译路径时，将complite路径默认与templates同级的templates_c（笔者使用的是smarty2.6.14版本）。

（4）在templates目录下创建一个studentlist.tpl模板文件，模板界面效果及参考代码如任务2的步骤（3）。

（5）在站点根目录下，新建一个studentList2.php 文件，定义和查询分页所需信息，并将相应数据放入模板文件，参考代码如下：

```
<?php
   require_once("lib/adoconn.php");
   require_once("lib/setupsmarty.php");
   $pagesize=2;//定义每页显示记录数
   if(!$_GET['p']|| !isset($_GET['p']))
   {
           $page=1;
   }
   else
   {
           $page=$_GET['p'];
   }
   $sql ="select * from student";
   $rs=$db->PageExecute($sql,$pagesize,$page);
   $data =$rs->getRows();
   $smarty->assign("student",$data);
   $smarty->assign("page",$page);
   $smarty->display("studentlist.tpl");
?>
```

（6）在studentList2.tpl模板文件中输出学生信息，代码如下：

```
{section name=s loop=$student}
 <tr>
   <td align="center" valign="middle">{$student[s].id}</td>
```

```
    <td align="center" valign="middle">{$student[s].std_name}</td>
    <td align="center" valign="middle">{$student[s].std_age}</td>
    <td align="center" valign="middle">{$student[s].std_sex}</td>
  </tr>
{/section}
```

(7) 在studentList2.tpl文件中，使用标签语句制作分页导航及控制，代码如下：

```
<p>{$page}/{$totalpage}  <a href="?page=1">首页</a>
{if $page >= $totalpage}
下一页  
{else}
<a href="?p={$page+1}">下一页</a>  
{/if}
{if $page<=1}
上一页  
{else}
<a href="?p={$page-1}">上一页</a>  
{/if}
<a href="?p={$totalpage}">尾页</a>  </p>
```

温馨提示

• 在smarty 模板中，将数据放入模板文件使用的是smarty对象的assign（"变量名"，数据）方法。

在模板文件中输出模板变量数据的默认语法格式为：{$ 变量名}。

• 若模板变量中输出数据为数据，可以采用{$数组变量[索引值] 或{$数组变量名.键}。

• 在smarty 模板组件中用户常用的内置函数标签，如步骤（6）中的{section}和{if}{else}。

7.4 任务小结

此学习情境先通过任务1，让学生编写了一个简类，并学习创建和使用的对象的方法和属性，初步掌握PHP中类的对象的创建及使用，PHP 对象的创建是使用new关键词通过构造函数进行创建，其语法格式为：$对象变量名=new 类名（形参），后通过任务2和任务3学习adodb、smarty组件类，更加熟悉了类的对象的使用，并初步了解MVC模式。下面就本学习情境所使用知识和技术作进一步小结。

7.4.1 面向对象编程

计算机革命源于机器,因此编程语言的产生也始于对机器的模仿——Beenjamin whorf(1981—1941)。所有的编程语言都提供抽象机制,程序是人们抽象现事生活中的问题在计算机中的实现(映射),如何抽象是我们现在思考的问题?因为它影响我们解决问题的复杂度。抽象过程是基于计算机结构或抽象问题解决的步骤或过程。面向对象的方式(Object-oriented approach)是采用抽象数据类型,把问题看成是具有属性(特征)和行为(方法)的数据类型的对象或变量,这个数据类型在面向对象编程中被称作类。

1.类与对象的基本概念

类是具有相同特性(属性)和行为(功能)的对象集合抽象的一种数据类型。对象是现实生活中的问题在计算机中以人的思维抽象而成的一种具备特性和行为的变量(模型,类的实例)。

类与对象的关系:类是一种数据类型,对象是类的变量,类是对象的抽象或模板,对象是类的实例。

OOP的三个重要特性:

·封装

把对象的属性和行为封装到一个类中,使用者不必关心其如何实现,只使用其功能。封装是把一些相关的属性和行为隐藏起来,从而得到保护和安全。封装关键字:

public 表示全局,类内部和外部子类都可以访问;

protected表示受保护的,只有本类或子类或父类中可以访问;

private表示私有的,只有本类内部可以使用。

	Public	Protected	Private
全局	√	×	×
继承类	√	√	×
本类	√	√	√

某些特定操作的时候需要访问和赋值封装的类型,这个时候就需要其他的函数帮我们完成这些操作,PHP为我们提供了方法名:__set(),__get(),__set() 取得当前类中封装过私有属性或者方法重新执行或赋值操作 ,__get() 取得当前类中封装过属性或方法并转换成共有属性 。

·继承

一个类可以从另一个类那里派生出来,从而获得另一类的属性和行为,在新类中还可以定义自己的行为和属性,从而产生代码重用的功能。PHP类的继承,我们可以理解成共享被继承类的内容。PHP中使用extends单一继承的方法(非C++多继承),被继承的类称为父类(基类),继承者称为子类(派生类)。

·多态

使同一个方法名称具有多个功能。

2.PHP 面向对象语法

（1）类的创建语法格式：

```
class 类名
{
    //成员属性
    //构造函数
    //成员方法
}
```

例如： person类创建，代码如下：

```
class Person
{
    public  $name;
    var  sex;
    function –construct($name,$sex)
    {
            $this->name=$name;
            $this->sex=$sex;
    }
    Function sayHello()
    {
            Echo "HI mysname is:".$this->name;
    }
}
```

（2）对象的创建与使用，例如：

```
$ly = new Person('lyovercome','男'); //使用new关键词实例化对象
$ly->sayHello(); //调用对象的方法
```

（3）常用关键词：

static：用来定义类的静态属性或方法，可以在类未被实例化时使用，静态属性单独占用内存而不会因创建多个对象时而导致同样的方法或者属性重复占用。

const：用来定义类中的常量，类似PHP外部定义常量的关键字define(); Const只能修饰类当中的成员属性。

self：用来访问当前类中的内容的关键字，类似$this关键字，但$this需要类实例化以后才

可以使用，self 可以直接访问当前类中的内部成员。

this：用来访问类成变对象自身。

7.4.2 adodb概述

1. adodb简介

adodb（Active Data Object Database）是一套由PHP 编写的数据库系统函数库，adodb提供了一套标准的数据库操作接口（类库），可以实现对多种数据库的操作，大大简化了数据库操作，并屏蔽不同数据库之间的差异。adodb提供了完整的方法和属性供用户去控制数据库系统，用户只需记住功能及对应函数即可，操作不同的数据库只需变更相应的属性即可。由于PHP的数据库存取函数没有标准化，所以需要一组函数库或类别来隐藏不同数据库函数界面间的差异。可以实现相对简单的数据库系统移植，这就是adodb抽象层要实现的目标。adodb目前支持的数据库系统有MySQL、Oracle、MS SQL Server、Sybase/Sybase SQL Anywhere、Informix、PostgreSQL、FrontBase、Interbase（Firebird及Borland版本）、Foxpro、Access、ADO和ODBC。

其特点：

- adodb在PHP中规范各类数据库的链接和使用。
- adodb帮助用户在PHP中提高开发效率和快速转换各类数据库。
- adodb使用相对简单，容易上手。
- adodb写作要求有时要求比较严谨，注意大小写。
- adodb内置函数比较丰富，可以快速、自动地帮助用户完成一些比较复杂的工作。

2. adodb安装

首先要将全部文件解压缩到Web服务器目录里，如lib/adodb。要测试adodb，则需要一个数据库，打开testdatabase.inc.php 文件，并且修改连接参数，以适合用户所使用的数据库。这个程序会在用户的数据库中建立一个新的资料表，以支持组件提供的测试程序及范例。

3. adodb使用

（1）连接数据库，代码如下：

```
require_coce('/libs/adodb/ADOdb.inc.php');
$conn = &ADONewConnection('mysql');
```

无论连接到何种类型的数据库，都要使用ADONewConnection()函数来创建一个连接对象。ADONewConnection接收一个选择性参数：<database name>，用以表示要连接的数据库。如果没有参数被指定，它将会使用ADOLoadCode() 内部方法所载入的最后一个数据库。当建立好一个连接对象后，我们还没有真正连接上数据库，需要使用$conn->Connect()或者$conn->PConnect()，完成真正的数据库连接，例如：

$conn -> Connect(DB_HOST, DB_USER, DB_PASSWORD, $database)

（2）adodb 常用方法：

Excute()执行数据库查询功能，如执行成功，返回ADORecordset对象，并包含一个查询记录的结果集。在RecordSet组件中，常用的属性和方法有：FetchRow()返回当前行的记录数组，遇到EOF返回；FetchObject()返回当前行记录组成对象，与FetchRow方法类似；Move（$to）将记录指针从当前行移动到指定行数；MoveNext()将记录指针从当前行移动至下一行；getArray（$number）从记录当前位置返回$number行记录构成的数组，如未指定$number，则返回全部记录；RecordCount()返回记录的条数。

GetAll()方法，用以代替Excute，返回的是一个二维关联数据，这样可以使用foreach或for语句处理，非常方便。另外GetAll所取的数据与smarty 模板函数foreach配得非常好。

Insert_id()当执行一个插入操作时，表的主键是一个自动增长的字段，则此函数返回最后数据插入时生成的自动增量值。

Prepare()方法，把一个 SQL 查询作为参数，读取一个查询，但并不立即执行。Prepare()返回一个句柄给一个prepare 查询，当保存和传递给 Execute()方法后，则立即执行该查询。

qstr()方法，清除非法的SQL语句和符号。

以上方法的具体使用，可以通过教师讲授或学生自行参看adodb参考手册函数使用范例，在此不在赘述。

7.4.3 Smarty模板技术

1.Smarty简介

Smarty是一个 PHP模板引擎。更准确地说，它分开了逻辑程序和外在的内容，提供了一种易于管理的方法。例如，用户正在创建一个用于浏览新闻的网页，新闻标题、标签栏、作者和内容等都是内容要素，他们并不包含应该怎样去呈现。在Smarty的程序里，这些被忽略了。模板设计者们编辑模板，组合使用HTML标签和模板标签去格式化这些要素的输出（HTML表格，背景色，字体大小，样式表，等等）。如果程序员想要改变文章检索的方式（即改变程序逻辑），这个改变不影响模板设计者，内容仍将准确地输出到模板。同样的，美工想要重做界面,也不会影响到程序逻辑。因此,程序员可以改变逻辑而不需要重新构建模板，模板设计者可以改变模板而不影响逻辑。

（1）Smarty的优点：

- 速度快：相对其他模板引擎。
- 编译型：采用Smarty编写的程序在运行时要编译成一个非模板技术的PHP文件。
- 缓存技术：它可以将用户最终看到的HTML文件缓存成一个静态的HTML页。
- 插件技术：Smarty可以自定义插件。
- 模板中可以使用if/elseif/else/endif。在模板文件使用判断语句可以非常方便地对模板进行格式重排。

（2）不适合使用Smarty的地方：

• 需要实时更新的内容。例如股票显示，就需要经常对数据进行更新。

• 小型项目。因为项目简单而美工与程序员是一个人。

2. Smarty 安装与配置

安装Smarty发行版在libs目录里的库文件（就是解压）。 这些PHP文件不能随意修改，它们被所有应用程序共享，只能在升级到新版的Smarty 的时候得到更新。Smarty使用一个叫作'SMARTY_DIR'的PHP常量作为它的系统库目录。如果应用程序可以找到 Smarty.class.php文件，就不需要设置'SMARTY_DIR',Smarty将会自己运作。但是，如果Smarty.class.php没有在include_path（PHP.ini）的一项设置里，或者没有在应用程序里设置它的绝对路径的时候，就必须手动配置SMARTY_DIR（大多数程序都如此），SMARTY_DIR必须包含结尾斜杠。

Smarty对象的创建与配置如下：

```
include_once("Smarty/Smarty.class.php"); //包含smarty类文件
$smarty = new Smarty(); //建立smarty实例对象$smarty
$smarty->config_dir="Smarty/Config_File.class.php";、// 目录变量
$smarty->caching=false; //是否使用缓存，项目在调试期间，不建议启用缓存
$smarty->template_dir = "./templates"; //设置模板目录
$smarty->compile_dir = "./templates_c"; //设置编译目录
$smarty->cache_dir = "./smarty_cache"; //缓存文件夹
//----------------------------------------------------
//左右边界符，默认为{}，但实际应用当中容易与JavaScript相冲突
//----------------------------------------------------
$smarty->left_delimiter = "{";
$smarty->right_delimiter = "}";
```

温馨提示

在引入Smarty.class.php文件时，使用文件相对路径，为了使用方便，用户可以定义Smarty库文件路径或使用程序或在配置里将Smarty库文件路径放入include_path;确保配置中的相应目录存在且正确。

3. Smarty 变量

Smarty的变量可以直接被输出或者作为函数属性和修饰符（modifiers）的参数，或者用于内部的条件表达式等。如果要输出一个变量，只要用定界符将它括起来就可以。例如：

```
{$variable}
{$array[index]}
```

{$array.key}

{$object. Property}

4. 分配模板变量

使用Smarty 对象的assign($variable, $data)函数分配模板变量。

5. 模板的调用

使用Smarty 对象的display(模板文件路径) 调用并显示模板。

Smarty 分配变量如下:

```
Index.php
$smarty = new $smarty();
$smarty->assign("name","lyovercome");
$smarty->display("index.tpl");
Index.tpl
Hello , my name is {$name}!
```

6.Smarty 模板常用内建函数

内建函数是模板语言的一部分，用户不能创建名称和内建函数一样的自定义函数，也不能修改内建函数，用户可以通过模板内建函数，控制模板变量的格式及输出。

(1) foreach,foreachelse

属 性	类 型	是否必须	缺省值	描 述
from	string	Yes	n/a	待循环数组的名称
item	string	Yes	n/a	当前处理元素的变量名称
key	string	No	n/a	当前处理元素的键名
name	string	No	n/a	该循环的名称，用于访问该循环

foreach 是除 section 之外处理循环的另一种方案（根据不同需要选择不同的方案）。foreach 用于处理简单数组（数组中的元素的类型一致），它的格式比 section 简单许多，缺点是只能处理简单数组。foreach 必须和 /foreach 成对使用，且必须指定 from 和 item 属性。name 属性可以任意指定（字母、数字和下划线的组合）。foreach 可以嵌套，但必须保证嵌套中的 foreach 名称唯一。from 属性(通常是数组)决定循环的次数。foreachelse 语句在 from 变量没有值的时候被执行。

foreach,foreacheelse 函数演示:

Test.php

```
<?php
    require_once("lib/setupsmarty.php");
    $a =array('张三','李四','王五','lyovercome');
    print_r($a);
    $s= new Smarty();
    $s->assign("person",$a);
    $s->display("test.tpl");
?>
Test.tpl
{foreach from=$person item=name}
用户名：{$name}<br/>
{foreachelse}
无数据
{/foreach}
```

（2）section,sectionelse

属 性	类 型	是否必须	缺省值	描 述
name	string	Yes	n/a	该循环的名称
loop	[$variable_nam]	Yes	n/a	决定循环次数的变量名称
start	integer	No	0	循环执行的初始位置。如果该值为负数，开始位置从数组的尾部算起。例如：如果数组中有7个元素，指定start为-2，那么指向当前数组的索引为5。非法值（超过了循环数组的下限）将被自动调整为最接近的合法值
step	integer	No	1	该值决定循环的步长。例如指定step=2将只遍历下标为0、2、4等的元素。如果step为负值，那么遍历数组的时候从后向前遍历
max	integer	No	1	设定循环最大执行次数
show	boolean	No	true	决定是否显示该循环

模板的 section 用于遍历数组中的数据，section 标签必须成对出现，必须设置 name 和 loop 属性。名称可以是包含字母、数字和下划线的任意组合。可以嵌套但必须保证嵌套的 name 唯一。变量 loop（通常是数组）决定循环执行的次数。当需要在 section 循环内输出变量时，必须在变量后加上中括号包含的 name 变量。sectionelse 当 loop 变量无值时被执行。

section, sectionelse 函数演示:

```
Test.php
<?php
    require_once("lib/setupsmarty.php");
    $a =array('张三','李四','王五','lyovercome');
    print_r($a);
    $s= new Smarty();
    $s->assign("person",$a);
    $s->display("test.tpl");
?>
Test.tpl
{section loop=$person name=name}
用户名: {$person[name]}<br/>
{sectionelse}
无数据
{/section}
```

(3) if, elseif , else

Smarty 中的 if 语句和 PHP 中的 if 语句一样灵活易用，并增加了几个特性以适宜模板引擎。 if 必须与/if 成对出现，可以使用else 和 elseif 子句，还可以使用以下条件修饰词：eq、ne、neq、gt、lt、lte、le、gte、ge、is even、is odd、is not even、is not odd、not、mod、div by、even by、odd by、==、!=、>、<、<=、>=，使用这些修饰词时必须和变量或常量用空格格开。

Smarty 模板组件为用户提供了很多实用的内置函数，在此不再一一详述，学生可自行查看Smarty参考手册。

7.5 知识拓展

7.5.1 PHP类自动加载

在使用面向对象方式开发应用时，程序员往往会根据类的不同作用而将类分别存放在不同的文件夹下，方便管理。在PHP5，用户如果需要使用一个类，一般都是通过require或include函数来完成。这种方式在小型的应用中还是比较有用，但随着项目规模的不断扩大，使用这种方式会带来一些隐含的问题：如果一个PHP文件需要使用很多其他类，那么就需要很多的require/include语句，这样有可能会造成遗漏或者包含进不必要的类文件。如果大量的文件都需要使用其他的类，那么要保证每个文件都包含正确的类文件肯定比较困难。于是PHP5后，为用户提供了_auto和PHP spl_autoload_register的类的自动加载机制。

1._auto 类自动加载机制

PHP5为用户提供了__auto魔术类加载机制。autoload机制可以使得PHP程序有可能在使用类时才自动包含类文件，而不是一开始就将所有的类文件include（包含）进来，这种机制也称为lazy loading。如在前面的任务一中，编写了一个student类，如果使用_auto函数将其放入到student.class.php中，代码如下：

```
<?php
 function _autoload($classname) {
require_once ($classname . “class.php” );
}
?>
```

只要这段代码在类使用前执行了，当用户使用$p = new Student() 创建对象时，如果student类没有被加载，系统就会自动执行__autoload函数。上述__autoload函数直接将类名加上扩展名.class.php构成类文件名，然后使用require_once将其加载。__autoload至少要做三件事情，第一件事是根据类名确定类文件名，第二件事是确定类文件所在的磁盘路径，第三件事是将类从磁盘文件中加载到系统中。第三步最简单，只需要使用include/require即可。要实现第一步和第二步的功能，必须在开发时约定类名与磁盘文件的映射方法，只有这样才能根据类名找到它对应的磁盘文件。

2.SPL autoload机制

__autoload 能将类与存放类文件的磁盘文件建立起映射并完成加载，但如果在一个系统的实现中，需要使用很多其他的类库，且类库的磁盘路径又不尽相同，这时如果要实现类库文件的自动加载，就必须在__autoload()函数中将所有的映射规则全部实现，这样的话_autoload()函数有可能会非常复杂，甚至无法实现。为此PHP5后引入了SPL autoload机制。

SPL是Standard PHP Library（标准PHP库）的缩写。它是PHP5引入的一个扩展库，其主要功能包括autoload机制的实现及包括各种Iterator接口或类。 SPL autoload机制是通过将函数指针autoload_func指向自己实现的具有自动装载功能的函数来实现的。SPL有两个不同的函数：spl_autoload和spl_autoload_call，通过将autoload_func指向这两个不同的函数地址来实现不同的自动加载机制。使用SPL autoload机制，主要是使用spl_autoload_register来注册自定义的类加载函数。

例如：bool spl_autoload_register ([callback $autoload_function])

将函数注册到SPL _autoload函数栈中。如果该栈中的函数尚未激活，则激活它们。如果在你的程序中已经实现了_autoload函数，它必须显式注册到_autoload栈中。因为spl_autoload_register()函数会将Zend Engine中的_autoload函数取代为spl_autoload()或spl_autoload_call()。

参数： autoload_function表示欲注册的自动装载函数。如果没有提供任何参数，则自动注册autoload的默认实现函数spl_autoload()。

返回值： 如果成功则返回 true，失败则返回 false。

7.5.2 MVC 简介

MVC（Model View Controller，模型试图控制器）是一种软件设计典范，用一种业务逻辑和数据显示分离的方法组织代码，这个方法的假设前提是如果业务逻辑被聚集到一个部件里面，在界面和用户围绕数据的交互能被改进和个性化定制而不需要重新编写业务逻辑。在一个逻辑的图形化用户界面中，MVC被独特地发展起来用于映射传统的输入、处理和输出功能。MVC组件关系如图7.2所示。

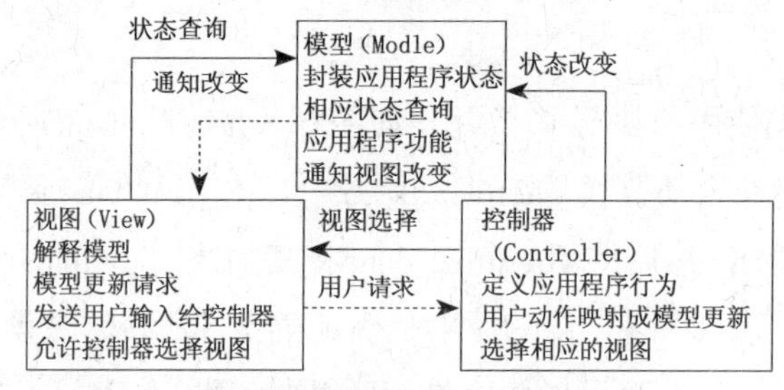

图7.2　MVC组件关系功能图

视图： 用户看到并与之交互的界面。对老式的Web应用程序来说，视图就是由HTML元素组成的界面，在新式的Web应用程序中，HTML依旧在视图中扮演着重要的角色，但一些新的技术已层出不穷，它们包括Adobe Flash和象XHTML、XML/XSL、WML等一些标识语言和Webservices。如何处理应用程序的界面变得越来越有挑战性。MVC的主要优点是它能为用户的应用程序处理很多不同的视图。在视图中其实没有真正的处理发生，不管这些数据是联机存储的还是一个雇员列表，作为视图来讲，它只是作为一种输出数据并允许用户操纵的方式。

模型： 表示企业数据和业务规则。在MVC的3个部件中，模型拥有最多的处理任务。例如，它可能用EJB和ColdFusion Components这样的构件对象来处理数据库。被模型返回的数据是中立的，即模型与数据格式无关，这样一个模型能为多个视图提供数据。由于应用于模型的代码只需写一次就可以被多个视图重用，所以减少了代码的重复性。

控制器： 接受用户的输入并调用模型和视图去完成用户的需求。当单击Web页面中的超链接和发送HTML表单时，控制器本身不输出任何东西和做任何处理，它只是接收请求并决定调用哪个模型构件去处理请求，然后确定用哪个视图来显示模型处理返回的数据。

7.6 能力拓展

7.6.1 编写文件上传类

编写一个用户自己的用户上传类，用以处理用户文件上传，参考代码如下，请仔细阅读下列代码，使用并补充完善自己所需的扩展功能。

```
<?php

    class UploadFile
    {
        private $upload_name;//上传文件名
        private $upload_tmp_name;//上传临时文件名
        private $upload_final_name;      //上传文件的最终文件名
        private $upload_target_dir;      //文件被上传到的目标目录
        private $upload_target_path;     //文件被上传到的最终路径
        private $upload_filetype ;       //上传文件类型
        private $allow_uploadedfile_type; //允许的上传文件类型
        private $upload_file_size;       //上传文件的大小
        private $allow_uploaded_maxsize=5000;//允许上传文件的最大值
        private $error_msg;

        public function __construct($filename)
        {
            $this->upload_name = $_FILES[$filename]["name"]; //取得上传文件名
            $this->upload_filetype = $_FILES[$filename]["type"];
            $this->upload_final_name = date("Y-m-d H:i:s").$this->upload_name;
            $this->upload_tmp_name = $_FILES[$filename]["tmp_name"];
private function __set($name,$value)
        {
            $this->$name=$value;
        }

        private function __get($name)
        {
            if(isset($this->$name))
            {
                return($this->$name);
            }
            else
            {
```

```
                return(NULL);
                }
            }
    }
?>
```

7.6.2 使用spl_autoload_register

spl_autoload_register函数的主要作用是注册用户自定义加载的类文件函数，其方式有两种，一种是直接注册用户自定义函数，另一种是将类中函数注册为自动加载类文件的函数。在使用spl_autoload_register前，用户需要确定类文件的存放物理路径和类文件的加载规则。在此案例中，我们将讲解两种方式。

方式1：注册用户自定义函数

类文件规则：classname.php；磁盘路径为d:\myclass文件夹，创建auto.php文件，用以编写用户自定义类加载函数。参考代码如下：

```
<?php
function loader($class)
{
    $file = 'd:\\myclass\\'.$class . '.php';、
    if (is_file($file))
    {
        require_once($file);、
    }
}
spl_autoload_register('loader');
```

在spl_autoload_register('loader')语句中的"loader"为函数名。

方式2：注册类中函数

类文件规则：classname.class.php；磁盘路径为d:\include文件夹，创建autoloadClass.php文件，用以编写注册类函数自动加载。参考代码如下：

```
<?php
class Loader
{
    public static function loadClass($class)
    {
    $file = "d:\\include\\".$class . 'class.php';
```

```
    if (is_file($file)) {
    require_once($file);
        }
    }
}
spl_autoload_register(array('Loader', 'loadClass'));
```

其中arrry数组中的“Loader”为类名，“loadClass”为函数名。

7.7 巩固提高

1.选择题

(1) 如何让类中的某些方法无法在类的外部被访问?(　　)

A. 把类声明为private　　B. 把方法声明为private

C. 无法实现　　D. 编写合适的重载方法(overloading method)

(2) 假设定义了一个testclass类, 它的构造函数的函数名是(　　)。

A. _construct　　B. initialize　　C. testclass

D. _testclass　　E. 只有PHP5才支持构造函数

(3) 如何在类的内部调用mymethod方法?(　　)

A. $self=>mymethod()　　B. $this->mymethod();

C. $current->mymethod();　　D. $this::mymethod()　　E. 以上都不对

(4) 以下脚本输出(　　), 复制PHP内容到剪贴板。

PHP代码:

```
<?php
classmy_class
{
  var $my_var;
  function_my_class($value)
  {
   $this->my_var=$value;
  }
}
$a= newmy_class(10);
echo$a->my_var;
?>
```

A. 10　　B. Null　　C. Empty　　D. 什么都没有　　E. 一个错误

(5) 如何即时加载一个类？(   )

A. 使用_autoload魔术函数　　B. 把它们定义为forward类

C. 实现一个特殊的错误处理手段　　D. 不可能

E. 用有条件限制的include来包含它们

(6) 借助继承，我们可以创建其他类的派生类。那么在PHP中，子类最多可以继承(   )父类。

A. 1个　B. 2个　C. 取决于系统资源　D. 3个　E. 想要几个有几个

(7) 哪种OOP设计模式能让类在整个脚本里只实例化一次？(   )。

A. MVC模式　B. 抽象工厂模式(Abstract factory)　C. 单件模式(Singleton)

D. 代理模式(Proxy)　E. 状态模式(State)

(8) 在PHP的面向对象中，类中定义的析构函数是在(   )调用的。

A.类创建时　　B.创建对象时

C.删除对象时　　D.不自动调用

(9) 以下是一上类的声明，其中有两个成员属性，对成员属性正确的赋值方式是(   )。

```
Class Demo {
Private $one;
Static $two;
Function setOne ( $value ) {
$this->one=$value;
}
}
$demo=new Demo();
```

A.$demo->one="abc";　　B.Demo::$two="abc";

C.Demo::setOne("abc");　　D.$demo->two="abc";

(10) 下面( )不是PHP中面向对象的机制。

A.类　B.属性、方法　C.单一继承　D.多继承

(11) 如果成员没有声明，限定字符属性的默认值是(   )。

A.private　B.protected　C.public　D.final

(12) PHP中调用类文件中的this表示(   )。

A.用本类生成的对象变量　　B.本页面

C.本方法　　D.本变量

(13) 针对PHP 5中特有的魔法方法(Mageic Methods), 下列4句中错误的是(   )。

A._get 和 _set 方法用于设置并不存在的类的属性成员

B._call 和 _invoke 方法用于调用并不存在的类的方法成员

C._sleep 和 _wakeup 方法用于在序列化类实例时处理其中的外部资源和冗余数据

D.通过_get方法,我们可以实现类的只读属性,而_set方法可以实现只写属性

(14)定义静态属性的关键字是(　　)。

A.final　　B.static　　C.const　　D.abstract

2.填空题

(1)对象的串行化函数：________________________________。

(2)面向对象的三大特性：________________________________。

(3)定义类的关键字：__________，类继承的关键字：__________，定义接口的关键字：__________，接口继承的关键字：__________。

(4)自动加载类的函数：____________________________。

(5)类常用的魔术方法有____________________________。

3.课外练习

(1)按要求编写代码：

①声明一个Cat对象，该对象有一个公共属性：name；两个行为：walk()，talk()。

②声明一个MyCat对象，继承Cat对象。

③MyCat有一个公共属性：color。

④实例化一个MyCat对象，并将color属性复制为“black”。

⑤执行MyCat的talk方法，并在talk方法内打印出当前MyCat对象的color属性值。

(2)定义一个person类，属性(姓名、性别、年龄)，方法(构造、说话、跑步、析构)，再定义一个子类student，继承person类，完成父类方法的调用。

(3)查看Smarty的缓存章节，在分页查询中引入带参数缓存技术。

附 录

附录1 常用函数索引

函数名	功 能
phpinfo	输出PHP环境信息
var_dump	打印变量的相关信息(值,类型,结构)
print_r	打印关于变量的易于理解的信息,一般用于打印数组结构
die	输出信息,并退出
exit	输出信息,并终止脚本运行
header	设置HTTP传输头信息,一般用于跳转、下载、页面编码显示等
gettype	获取变量的类型
is_numeric	测试变量是否是数字类型
is_array	测试变量是否是数组
isset	检测变量是否设置
addcslashes	以 C 语言风格使用反斜线转义字符串中的字符
bin2hex	将二进制数据转换成十六进制表示
explode	使用一个字符分割另一个字符串从而生成一个数组
implode	将一个数组转换成一个字符串
str_replace	使用当前字符串,替换所查到的字符串
strtolower	将字符串全部转换成小写
strtoupper	将字符串全部转换成大写
html_entity_decode	函数把 HTML 实体转换为字符
htmlentities	函数把字符转换为 HTML 实体
htmlspecialchars_decode	把一些预定义的 HTML 实体转换为字符
md5	计算字符串的 MD5 散列
strlen	获取字符串的长度
substr	获取字符串的子串

续表

函数名	功 能
array_merge	合并一个或多个数组
array_pop	将数组最后一个单元弹出
array_push	将一个或多个单元压入数组的末尾
array_rand	从数组中随机取出一个或多个单元
in_array	检查数组中是否存在某个值
range	建立一个包含指定范围单元的数组
count	计算数组中的单元数目或对象中的属性个数
list	把数组中的值赋给一些变量
mysql_connect	打开一个到 MySQL 服务器的连接
mysql_select_db	选择 MySQL 数据库
mysql_query	发送一条 MySQL 查询
mysql_insert_id	取得上一步 INSERT 操作产生的 ID
mysql_error	返回上一个 MySQL 操作产生的文本错误信息
mysql_affected_rows	取得前一次 MySQL 操作所影响的记录行数
mysql_fetch_array	从结果集中取得一行作为关联数组，或数字数组，或二者兼有
mysql_num_rows	取得结果集中行的数目
mysql_list_fields	列出 MySQL 结果中的字段
basename	返回路径中的文件名部分
dirname	返回路径中的目录部分
fopen	打开文件或者 URL
file_get_contents	将整个文件读入一个字符串
file_put_contents	将一个字符串写入文件
fwrite	写入文件（可安全用于二进制文件）
is_writable	判断给定的文件名是否可写
fread	读取文件（可安全用于二进制文件）
file	把整个文件读入一个数组中
filetype	取得文件类型
filesize	取得文件大小
move_uploaded_file	将上传的文件移动到新位置
copy	拷贝文件
mkdir	新建目录
is_dir	判断给定文件名是否是一个目录
is_file	判断给定文件名是否为一个正常的文件
rmdir	删除目录

续表

函数名	功　能
unlink	删除文件
imagecreate	新建一个基于调色板的图像
imagecreatefromjpeg	从 JPEG 文件或 URL 新建一个图像
imagecreatefromgif	从 GIF 文件或 URL 新建一个图像
getimagesize	取得图像大小
imagesx	取得图像宽度
imagesy	取得图像高度
image_type_to_extension	取得图像类型的文件后缀
imagecolorallocate	为一幅图像分配颜色
imagecolorallocatealpha	为一幅图像分配颜色和透明度
imagecopy	拷贝图像的一部分
imagecopymerge	拷贝并合并图像的一部分
imagecopyresampled	重采样拷贝部分图像并调整大小
imagestring	水平地画一行字符串
imagettftext	用 TrueType 字体向图像写入文本，一般用于绘制中文
imagefill	区域填充
imagegif	以 GIF 格式将图像输出到浏览器或文件
imagejpeg	以 JPEG 格式将图像输出到浏览器或文件
imagedestroy	销毁一个图像

附录2　正则表达式

附录2.1　什么是正则表达式

在百度百科中，正则表达式是这样描述的“在计算机科学中，是指一个用来描述或者匹配一系列符合某个句法规则的字符串的单个字符串”。正则表达式是对字符串操作的一种逻辑公式，就是用事先定义好的一些特定字符及这些特定字符的组合，组成一个“规则字符串”，这个“规则字符串”用来表达对字符串的一种过滤逻辑。给定一个正则表达式和另一个字符串，我们可以达到如下的目的：

（1）给定的字符串是否符合正则表达式的过滤逻辑（称作“匹配”）。

（2）可以通过正则表达式，从字符串中获取我们想要的特定部分。

正则表达式的特点是：

（1）灵活性、逻辑性和功能性非常强；

（2）可以迅速地用极简单的方式达到字符串的复杂控制。